皮膚美容聰明選 SMART CHOICE

治療前，請先聽聽25位
皮膚科專家建議

目錄

推薦序 1　導正美容醫學回到正統醫學／石崇良 ········· 8

推薦序 2　皮膚美容醫學的最佳指引／朱家瑜 ········· 10

推薦序 3　最實用的美容醫學工具書／曾忠仁 ········· 12

〔前言〕追求美容治療的最佳參考書／蔡仁雨 ········· 14

CHAPTER

1

總論

皮膚美容治療前，要知道諮詢哪些問題／陳昭旭 ········· 18

CHAPTER

2

雷射、光電、音波治療

淨膚雷射／蔡仁雨 ········· 30

染料雷射／廖怡華 ········· 35

飛梭雷射／張英睿 ········· 43

皮秒雷射／許仲瑤 ········· 53

脈衝光／胡倩婷 ········· 61

電波拉皮／許劭民 ···························· 70

飛針治療／石博宇 ···························· 77

音波拉皮／許乃仁 ···························· 82

針劑注射美容

肉毒桿菌素／彭賢禮 ························· 90

玻尿酸／黃千耀 ····························· 100

舒顏萃／林上立 ····························· 115

洢蓮絲／林上立 ····························· 126

晶亮瓷／高嘉懋、曾德朋 ··················· 136

自體脂肪移植／周哲毅 ····················· 143

美容手術

毛髮移植術／蔡仁雨 ························· 154

眼瞼皮膚美容手術／黃耀立 ················· 162

隆鼻手術／楊弘旭 ·························· 186

拉皮手術／許修誠 ·························· 193

狐臭手術／石博宇 ⋯⋯⋯⋯⋯⋯⋯⋯⋯⋯⋯⋯ 202

抽脂手術／呂佩璇 ⋯⋯⋯⋯⋯⋯⋯⋯⋯⋯⋯⋯ 216

腹部拉皮手術／王朝輝 ⋯⋯⋯⋯⋯⋯⋯⋯⋯⋯ 227

靜脈曲張手術／楊志勛 ⋯⋯⋯⋯⋯⋯⋯⋯⋯⋯ 238

CHAPTER

5

其他皮膚美容手術

埋線（線雕）／黃柏翰 ⋯⋯⋯⋯⋯⋯⋯⋯⋯⋯ 250

果酸及其他化學換膚／曾忠仁 ⋯⋯⋯⋯⋯⋯⋯ 263

體外溶脂手術／林佩琪 ⋯⋯⋯⋯⋯⋯⋯⋯⋯⋯ 273

女性外陰部美容手術／黃菁馨 ⋯⋯⋯⋯⋯⋯⋯ 287

導正美容醫學回到正統醫學

石崇良 | 衛福部醫事司司長

近年來美容醫學大行其道，相對也產生許多所謂的「醫美亂象」。如醫療人員素質參差不齊、誇大不實的醫療廣告及美容諮詢師過度的推銷等等。

政府一方面希望美容醫學蓬勃發展，另一方面必須監督醫療品質及保障民眾就醫的安全。在權衡之下，衛福部推動了一系列整頓醫美的政策。包括美醫認證、美容手術同意書必須標示專科醫師、未成年不得接受美容手術；以及去年初推行的美容手術及麻醉特管辦法等等。希望藉以導正臺灣的美容醫學回到正統醫學主流，並期許能有健全永續的發展。

台灣皮膚暨美容外科醫學會為了提升民眾皮膚美容健康識能，避免接受不當或過度的美容治療，特別籌劃這本《皮膚美容聰明選》衛教書。在前理事長蔡仁雨的盛邀下先睹為快，內容涵蓋目前最熱門的光電、針劑及美容手

術，相當豐富且客觀中立，實為民眾尋求皮膚美容治療前最佳的一本參考書，本人也樂於為之作序。

皮膚美容醫學的最佳指引

朱家瑜 | 臺灣皮膚科醫學會理事長
國立臺灣大學醫學院皮膚科教授

　　台灣皮膚暨美容外科醫學會自成立以來一直致力於皮膚美容外科的教育與發展，不但多次舉辦專業醫學會議與實務工作坊、促進專業醫療人員之間的交流與成長；另一方面也希望能提高民眾的皮膚美容健康識能，避免人云亦云、接受不當或過度的美容治療。

　　美容醫學治療的種類項目繁多，各項術式的療效用途、適應症與可能的合併症，都需要有賴美容醫學專業醫師在詳加考量個人體質、膚質與需求後，依據專業醫學判斷來施作療程，而這些都有賴醫師與病人充分溝通解釋。然而，醫學進展日新月異，許多新的美容醫學治療方式不斷推陳出新，令人目不暇給、眼花撩亂，因此這樣一本集結了現今臺灣美容醫學界診療最專業的醫師所撰寫的全方位新書，無疑是追求愛美人士的一大福音。

本書涵蓋了總論、雷射/光電/音波治療、針劑注射美容、傳統美容手術、其他皮膚美容手術等五大章節，舉凡民眾所關心、好奇的淨膚/染料/飛梭/皮秒等各式雷射、脈衝光、電波、飛針、音波，到肉毒、玻尿酸各種填充治療與脂肪移植、植髮、隆鼻、拉皮、狐臭、抽脂、靜脈曲張手術、埋線（線雕）、換膚、體外溶脂、私密美容整形，均有詳細介紹；更重要的是，所有撰寫者均來自全臺各地教父級名醫，與各大醫學中心美容皮膚醫學專家教授，他們無私奉獻、傾囊相授，才能有這本堪稱醫學與藝術交融的結晶。

　　這本《皮膚美容聰明選》，可以說是現今臺灣皮膚美容醫學的最佳指引！在此要特別感謝台灣皮膚暨美容外科醫學會前理事長蔡仁雨醫師的盛邀，才能有如此堅強的作者陣容與豐富的主題；也要感謝每位執筆的專家醫師不吝付出、為民眾的美容醫學品質把關。更期待社會大眾能在詳閱本書之後，為自己的外在美與內在美同時加分，也活得更精彩、有自信。

最實用的美容醫學工具書

曾忠仁 | 台灣皮膚暨美容外科醫學會理事長

　　近年來美容醫學浪潮襲捲全球，臺灣當然也不例外，難能可貴的是，臺灣美醫界雖然起步較晚，卻在短時間內，後發先至，在許多項目，例如針劑注射與皮秒雷射等等，居於世界領導地位，這必須歸功於臺灣美容醫學界的努力，皮膚科醫師處在這波浪潮的頂峰，當然不會置身事外。

　　皮膚科醫師從住院醫師的訓練開始，從基本的皮膚解剖學、皮膚生理學，到最新的化學性換膚、光電雷射、針劑注射、甚至抽脂拉皮手術等等，可以說是對皮膚構造最瞭解，對美容醫學訓練最紮實的一個專科，針對美容醫學的專業需求，更成立了「台灣皮膚暨美容外科醫學會」，全面提升皮膚科醫師的美容醫學水準。

　　這本書，就是台灣皮膚暨美容外科醫學會首任理事長蔡仁雨醫師與祕書長石博宇醫師的大力推動下，結合了目

前臺灣皮膚科醫學界的精英，共同為一般大眾所編纂的美容醫學的實用書籍，最主要的目的是希望，有意進行美容醫學的民眾，有一本專業出版、專家認證、立場公正持平的參考書，而不是被各種網站、傳播媒體上，誇大不實的廣告所迷惑，而選錯了診所、醫師、甚至是治療的項目。

　　本人忝為作者之一，又被推選為台灣皮膚暨美容外科醫學會第二任理事長，有幸為這本書寫推薦序，可以說是充滿信心跟大家說，看完這本《皮膚美容聰明選》，您就會是最聰明的美容醫學消費者。

追求美容治療的最佳參考書

蔡仁雨 | 台灣皮膚暨美容外科醫學會創會理事長

　　追求美麗年輕是一般民眾的願望，但在尋求美容治療時，常常被琳瑯滿目，無處不在的美容廣告所吸引，一旦進入醫美診所又是美容諮詢師推銷一堆美容療程，一時失去理性的判斷與思考，衝動下接受了一些無效或沒有必要的治療，運氣不好遇到專業訓練不足的醫生，可能產生無法彌補的併發症，更可怕的是將皮膚癌誤診當作一般的痣或色素斑處理，延誤了早期診斷早期治療。

　　另外美容治療的種類項目繁多，一般民眾很難完全了解各項術式的用途適應症，以及本身需要何種治療，這些理應由醫師與病人充分溝通解釋，但並非所有醫師都秉持醫學的原則與醫者的良知。

　　有鑑於諸多的所謂「醫美亂象」，皮膚科醫學會於

2016 年 7 月成立了台灣皮膚暨美容外科醫學會，著力於皮膚美容外科的教育與發展，舉辦各種大小型的國內及國際會議，來提升臺灣美容醫學的水準，另一方面也希望提高民眾的美容知識，成為一位聰明的美容患者。因此，特別邀請皮膚美容外科專家們合力撰寫此書，提供給民眾在追求美容治療時一本最佳的參考書。

1
CHAPTER

總論

皮膚美容治療前，要知道諮詢哪些問題

　　愛美是人類的天性，除了時尚裝扮以外，整形美容也一直是熱門課題。隨著科技飛快的進步，雷射光電、音波儀器的發明，醫療產品與技術的提升，得以運用在日益增加的美容需求上。

　　既然科技這麼發達，我們期待的理想美容治療應該是簡單、快速、不痛、沒有風險、沒有副作用、便宜、又馬上變漂亮，像魔法般的治療，最好還能永久保固。可惜事與願違，目前沒有一種術式符合這樣的要求。所以愛美的民眾如果能對各種美容術式的儀器、原理、效果和風險等有多一分認識，就更容易和醫師有良好的溝通，減少不滿意的結果，避免發生糾紛。

　　由於市面上美容術式的種類繁多，本書將各類型皮膚美容外科參與的美容術式分作四個章節來討論：**雷射、光電、音波治療；針劑注射美容；美容手術及其他皮膚美容手術。**

雷射、光電、音波 達到回春抗老的效果

　　首先，第二章裡談到的雷射和脈衝光是利用光能轉變成熱能，來達到需要的燒灼功能。不同波長的光會被不同的組織吸收，例如黑色素、血管或是水分吸收後，就有除斑、除毛、除微血管或是燒除小腫瘤的功能。飛梭雷射並不是單一種雷射，而是一種雷射技術，把整面的雷射光能量集中在數十個分散的小點，熱能只作用光點上，周圍的皮膚就能減少熱傷害，加速恢復，減少副作用。多半是利用水分吸收的波長，造成適量的熱傷害，刺激膠原蛋白新生。熱門的皮秒雷射也是一群擁有不同波長的雷射，可以用來除斑和除刺青。當配上特別的蜂巢透鏡或聚焦透鏡就達到飛梭的效果，可以刺激膠原蛋白新生。因為皮秒脈衝時間短，可以使用比較低的能量做治療，引起的熱傷害小，副作用也比較少。

　　傳統治療色素斑的雷射，如紅寶石（694nm）、亞歷山大（755nm）、鈥雅各 （532nm、1064nm）雷射，需要比較高的能量，術後會結痂，大約一周後脫落，有一部分人會經歷 2~3 個月反黑的過程，才自然退去。脈衝光則是採用比較長的脈衝和較低的能量密度，減少了除斑時結痂的程度。甚至用更低的能量，以小量的燒灼來收縮膠原蛋白並刺激其新生，作為回春的療程。淨膚雷射（1064nm）也是使用較低能量的設定，來回掃描刺激膠原蛋白，以達到類似的回春效果。

脈衝式染料雷射是最早以 Rox Anderson 教授提出的選擇性光熱解理論（Selective Photothermolysis）研發出來的雷射。使用的 585nm 或是 595nm 黃色雷射光由血紅素吸收，主要是治療血管瘤。也常將它調整至稍低的能量，用來處理紅色痘疤和增生性疤痕。有人利用血管吸收後傳導到周圍的熱能來刺激膠原蛋白增生，但是儀器成本太高，比較少用。

此外，電磁波和超音波都能夠穿透到真皮層、脂肪層，其能量轉變成熱能，使膠原蛋白和淺層筋膜立即收縮，表現緊實的效果，也有融脂和膠原蛋白新生重組的長期作用，這就是所謂的電波拉皮及音波拉皮。為了保護表皮層不受熱傷害，電波拉皮會使用冷卻系統，音波拉皮則是運用聚焦技術，避免淺層皮膚受傷，造成表皮色素不均勻或是產生疤痕。

飛針治療將一陣列細針扎進皮膚，利用細微創傷刺激皮膚再生，也有儀器會合併由針尖傳導電波，在真皮層加熱，加強刺激膠原蛋白新生，達到回春效果，也可以治療痘疤。

以上雷射、光電、音波的共同處，都是把機器能量在皮膚組織裡轉換成熱能，製造局限性、可控制的熱傷害，破壞想要去除的色素或血管組織，或是刺激膠原蛋白再生，重新修復老化組織，達到回春的效果。熱傷害就像燒燙傷，會痛，需要恢復期，可能會有過度傷害、過度刺激，而產生疤痕的風險。使用的能量越低、傷害越小、風險就會降低，但

是通常效果也會跟著打折。治療療程完成後，需要經過一段修復的時間，才能達到穩定的效果。依循這樣的基本概念，認識書裡介紹的各種儀器與治療方式的特色，您就會對想做的治療有適當的選擇與合理的期待。

臉部老化組織流失 靠注射填充劑來填補

第三章所談到的針劑注射是這些年竄起最熱門的微整形術式，「不開刀不流血」解除很多人的心理壓力。雖然其美容效果不是永久的，但卻是立竿見影的。注射肉毒桿菌毒素會麻痺肌肉，很快停止動態紋的表現。減弱咀嚼肌收縮力，可以微調臉部輪廓。它還會抑制出汗，改善多汗及狐臭。一般效果僅能維持幾個月，需要重複施打。注意的是施打的劑量和部位若有偏差，可能有表情過於僵硬，上眼皮下垂等副作用。還好這樣的反應是短暫的，經過一段時間，藥效減弱後就會恢復。

臉部老化造成的組織流失凹陷可以靠注射填充劑來填補。書裡介紹玻尿酸等幾種常見的填充劑，各有其特色。有的直接填補空間，有的還能刺激自己身體內膠原蛋白的增生。有的自己會慢慢代謝降解，有的有降解酶可以施打。不同硬度、黏稠度的產品各用在適當的組織層，每位醫師也有各自熟悉手感的產品。選擇產品時考慮的因素很多，應該和

醫師討論溝通後才決定。

　　除了玻尿酸等填充物外，還可以抽取自體的脂肪，經過適當的處理後，填補臉部凹陷與雕塑臉部輪廓。由於是自己身體的細胞，就不會有排斥過敏的問題，而且還擁有幹細胞，會製造生長因子，可以重建組織，治療疤痕，有回春的效果。抽取與準備脂肪過程的操作細節是脂肪移植成功的重要關鍵，而最大的風險和其他填充物注射一樣，注射時要避免打入血管、阻礙血流，造成組織壞死，甚至失明。近年來，臉部血管、神經、肌肉、脂肪等和注射相關的實體解剖學與 3D 影像教學，配合新型手提式超音波儀器，給予臨床醫師很大的幫忙，讓注射風險降低很多。

每一種術式有其適應症與特定的療效

　　最後兩章裡介紹各種皮膚美容手術，其中部分搭配前述的微整形術式，提供從非侵入性到侵入性的一系列完整選擇。

　　在年紀漸長的時候，臉部皮膚會逐漸鬆弛下垂，前面提到的雷射光電音波、針劑注射以及線雕（以特殊設計的縫線穿入皮下，固定筋膜與皮膚，達到拉提效果）都有不同程度的緊緻回春效果，而拉皮手術則是最快速直接的方法，也是最有侵襲性的。在第四章裡介紹了幾種不同的拉皮方

法，配合微創技術，可以縮短恢復期，減小傷口疤痕。誠如作者所說，每種方法各有其優缺點，每位醫師根據經驗習慣和您溝通，才能做出最適當的選擇。

　　在臉上更常被提到的手術應該是開雙眼皮，一般人常常在縫合法和切開法間猶豫不決。縫合法聽起來比較簡單，其實還是要經過醫師評估眼皮厚薄、鬆弛等等因素再決定，並不是人人都適合。術後傷口照護也是很重要，配合醫師指示，避免出血和細菌感染。手術多少會傷到一些組織，影響到局部血液、淋巴循環，引起皮膚腫脹，之後需要一段時間才會消退。眼袋手術有經皮膚與經結膜兩種方法，如果需要切除部分鬆弛的皮膚，不可為了提升效果要求切過多的下眼皮，有可能造成眼瞼外翻、眼睛無法閉合，導致更大的後遺症。

　　高挺的鼻樑會讓臉型看起來比較立體，東方人隆鼻手術的需求並不亞於雙眼皮手術，可以採用自體軟骨或是其他各種材質的人工鼻模。現在很多填充劑注射隆鼻微整形取代了開刀，快速便利且效果自然，缺點則為僅單純增加些微高度，無法全面性調整鼻型。鼻子皮下空間有限、且血液循環容易受影響，在這裡注射過多填充物，很容易發生皮膚缺血壞死現象。以人工材質隆鼻亦然，下方血管無法穿透鼻模，供應上層皮膚的營養，萬一有比較嚴重的皮膚感染，可能無法癒合，需要把植入物取出。

頭髮扮演外表美觀重要的角色，如果禿髮已經無法用藥物治療改善，而頭皮還健康，可以選擇毛髮移植術來改善。一般雄性禿後腦杓的頭髮將來比較不會禿掉，我們取這裡的頭皮，分割成毛囊單位，再將髮株植入到預先扎好的小洞。術後還是要配合照顧傷口，口服藥物治療。

抽脂手術並不是減肥手術，它只是用來雕塑曲線。要抽除的是經過減重治療、維持穩定身材後，仍然無法消除的局部脂肪堆積。幾種手術方法在章節裡有表格可以做比較，大多伴用膨脹式麻醉劑，以減少出血、延長止痛時間、保留抽出脂肪的完整性，作為脂肪移植的材料。消除腹部的脂肪也可以用較無侵襲性的體外溶脂方式，利用電波、音波或是冷凍破壞脂肪層，身體再將其慢慢代謝排出。如果因為老化、產後或快速減重後腹部皮膚鬆弛，就要考慮腹部拉皮手術。嚴重時，甚至要包含腹壁肌肉和筋膜的重建。

同樣的膨脹麻醉方式也用在狐臭及靜脈曲張手術。狐臭手術是在麻醉後將皮膚翻開，剪除皮下頂漿腺或是用刮刀刮除頂漿腺，手術繁複、費時，而且術後傷口容易有出血、感染的風險。現在從皮膚外面用聚焦微波燒灼頂漿腺，沒有傷口，雖然術後會腫脹幾天，費用較高，越來越多人傾向接受這種治療。

當靜脈曲張嚴重時要用手術治療，傳統手術是做高位結紮合併靜脈抽除。新的方法從皮膚插入血管內導管，使用雷

射光纖或是電波導線加熱燒灼血管內壁，達到閉合曲張血管的作用，有時也要合併靜脈抽除。兩種方法術後都應該穿彈性襪，以避免復發。

痘疤的傳統治療方式就是磨皮手術，由於會整臉破皮流血，恢復時間很長，手術風險較高，慢慢就被較有科技感的雷射磨皮及飛梭雷射治療取代。那時候也有高濃度深層化學換膚作為除痘疤的方法，但是和磨皮手術一樣，傷口恢復慢，逐漸就被近代較為溫和的果酸換膚淘汰了。

一種新的醫療儀器或技術用在臉上效果不錯，就會想到試在別的部位看看。如果有醫療的效果，就會想看看有沒有用在美容的機會。雷射、電波拉皮在臉上的回春效果就被成功地移植到女性陰部的美容治療，包括外陰部的皮膚鬆弛、色素沉著與除毛。陰道內治療可以改善陰道黏膜層的功能、停經後性交疼痛、陰道乾燥的症狀，幫助陰道壁膠原蛋白和粘膜下肌肉層的增生，治療頻尿、漏尿、應力性尿失禁等症狀。而侵入式的美容手術也是可以運用在陰部構造的整形，改善其美觀與功能。

綜合來說，每一種術式都有其適應症與特定的療效。同類術式的美容效果可能改善速度和程度都不一樣，需要的治療次數可能也不一樣。各別療程的副作用、併發症風險以及其補救處置方式皆因治療機轉與手術方式而異。所以聰明的您應該知道在諮詢時要問清楚哪些問題了。

雖然大部分手術都有一些操作準則，不同醫師或許有不同的想法和作法，說明的方式也可能不一樣。有時候就像投資理財，針對勇於承擔高風險、要求高獲利的顧客，醫師會討論比較積極、具侵襲性、效果快速的治療。如果是穩健保守、考量安全為上的人，他的建議又不一樣。

　　所以溝通是雙向的，您也要讓醫師知道您要的是什麼。希望變成 18 歲的年輕臉孔？或是換個明星臉，讓人認不出自己？一般人也許不貪心，只要美一點就好。那到底什麼叫做美麗？雖然有所謂完美臉型黃金標準比例的說法，可是文化、時代、甚至個人觀點的種種不同因素都會影響美的感受。不是每個人都可以經由美容醫學調整成這樣的比例，也不見得符合這樣的比例就會覺得美。醫療科技再怎麼進步也有極限，每位醫師以自己累積的最佳經驗和最熟稔的方式提供服務，如果您得不到滿意的諮詢結果，不用急著做決定，可以再參考他方意見。但是千萬不要犯了美容手術的最大禁忌：不合理的期待。畢竟追求的是愉悅美麗，若是只求得懊惱後悔就不值得了。

 About the Author

陳昭旭 │ 臺大醫院皮膚部主治醫師

資歷：臺大醫院皮膚部皮膚保健及外科主任
　　　中華民國醫用雷射光電學會常務理事
　　　台灣皮膚暨美容外科醫學會理事

2

CHAPTER

雷射、光電、
音波治療

淨膚雷射、染料雷射、飛梭雷射、
皮秒雷射、脈衝光、電波拉皮、
飛針治療、音波拉皮

淨膚雷射

　　淨膚雷射、柔膚雷射、白面娃娃雷射……，這些醫學雷射療程是近幾年很熱門的美容話題，真的能達到除斑效果和淨膚效果嗎？

一、何謂淨膚雷射

　　淨膚雷射又稱為柔膚雷射，還有其他很多名稱如白面娃娃、淨妍等。最早淨膚雷射是使用低能量波長 1064nm 的 Q- 開關釹雅鉻雷射（QS-NdYAG）來治療臉部的色素斑，尤其是肝斑。近年來由於皮秒雷射的盛行逐漸被皮秒雷射取代。

二、適應症

- 膚色暗沉
- 肝斑
- 痘疤

- 膚色不均
- 表淺色素斑

三、治療的方法原理與種類

使用低能量大光點波長 1064nm 的 Q- 開關銣雅鉻雷射（可以或不使用表面麻醉劑）施打於全臉，可以重複施打依皮膚病灶及醫師的個人判斷，直到皮膚微紅或出現點狀出血。治療間隔 1~4 星期。

四、常見問題 Q & A

1. 淨膚雷射對肝斑的療效？

肝斑是一個不明原因的色素斑，對於各種治療及雷射反

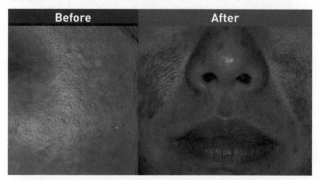

■ 圖 1　淨膚雷射後色素不均（變白及變黑）。

應皆不是很理想。淨膚雷射對肝斑的治療反應不一，臨床觀察治療 1~3 次有些病人可以看到不錯的效果。但持續治療下去，尤其超過 5 次雷射以上，常會有一些併發症產生，包括肝斑反彈、色素不均。

2. 如何避免淨膚雷射治療肝斑產生的副作用？

可以將能量降更低，治療間隔拉長。例如本來 1 個月雷射 1 次延長為 2 個月 1 次，另外目前也有皮秒取代傳統淨膚雷射的趨勢。也有醫師提出組合式雷射治療，聲稱效果更好，但仍值得長期觀察再下結論。

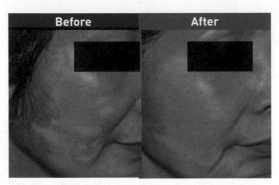

■ 圖 2　皮膚變白，治療前及藥膏治療後一年。

3. 一旦出現色素不均副作用，可以恢復嗎？

淨膚治療黑斑最嚴重的副作用就是色素不均。臨床上看起來像梅花鹿的斑塊。這種併發症治療起來相當費時且病人

須有耐心接受治療，依筆者的經驗至少需擦退斑藥膏兩年以上才會改善。

4. 很多人打淨膚雷射都覺得效果很好，是真的？

黑斑或有潛在黑斑的病人施打淨膚雷射，可讓膚質較光滑，顏色較亮。所以很多年輕女性很喜歡，但也不宜過度施打，避免不必要的副作用。

5. 淨膚雷射對痘疤有效嗎？

淨膚雷射是以低能量施打，對於痘疤效果有限。建議還是以飛梭或新一代皮秒雷射的蜂巢聚焦方式治療。

結論 · *Conclusions*

淨膚雷射確實是方便、快速、無明顯皮膚損傷，深受多數醫師及上班族的喜愛。但效果短暫，須重複施打。長期重複施打可能造成色素不均，尤其是有肝斑或肝斑膚質的病人。

 About the Author

蔡仁雨 | 蔡仁雨皮膚科診所院長

學歷：臺北醫學大學醫學系
資歷：教育部定皮膚科副教授
　　　臺北醫學大學皮膚科兼任副教授
　　　台灣皮膚暨美容外科醫學會理事長
　　　臺灣皮膚科醫學會理事
　　　臺北醫學大學萬芳醫院皮膚雷射中心主任
　　　臺北長庚紀念醫院皮膚科住院醫師、總醫師、
　　　主治醫師
　　　美國 Tulane、VCLA、日本東京虎之門醫院皮膚外科
　　　研究員

編者叮嚀：

1. 淨膚雷射對於痘疤及深層色素斑效果不佳。

2. 針對肝斑患者，淨膚雷射應該當作最後一線或輔助治療，而非主要的治療方式。

3. 目前市面上以皮秒雷射取代傳統的奈秒淨膚雷射，效果並非特別顯著。是否可以減低副作用需長期臨床的觀察。

染料雷射

　　染料雷射其全名應該是脈衝式染料雷射，很多人聽到這個雷射名稱，都會露出一個不解的表情，「醫師，所以我接受這種雷射治療時會有染料噴在我皮膚上？」「那個染料是什麼顏色的？」但如果說是櫻花雷射可能就較為人熟知，其實櫻花雷射和染料雷射是相同的。

一、何謂染料雷射

　　全名是脈衝式染料雷射，是一種以液態染料為雷射介質，所激發出波長 585 nm 或 595 nm 的黃光，並不會有任何染料接觸到皮膚，選擇 585 nm 或 595 nm 波長的原因是此波長可被紅血球內的含氧血紅素所高度吸收，雷射光能轉換為熱能後會加熱血管壁，進而破壞過多或疾病態的血管，另外此波長可穿透皮膚深度約 1 mm，因此雷射能量可達到真皮層內的微血管，達到治療的目的。

二、適應症

染料雷射主要用來治療血管性病灶，常見的適應症包括：

- 先天血管異常，如葡萄酒色斑、血管瘤。
- 微血管擴張。
- 靜脈湖。
- 肥厚性疤痕或蟹足腫。
- 皮膚疾病：如玫瑰斑、痤瘡及疤痕、妊娠紋、生長紋、病毒疣等。

三、治療的方法原理與種類

1. 葡萄酒色斑

是一種先天性的皮膚微血管畸形，發生於 0.3% 至 0.5% 的新生兒，臨床表現為淡紅至紫紅色的斑，分布於身體或臉部的一側，並沿著神經皮節的走向分布。好發於臉部，因為影響病童外觀，所以常造成病童家長的心理負擔。染料雷射是葡萄酒色斑的標準治療，而且治療最好能及早開始，約滿 1 個月後即可開始治療，此時血管發育較不完整，皮膚薄雷射能量易於穿透，效果較好。之後約間隔 4~6 周治療一次，至少 6~12 次，才可達到滿意的效果（圖 1）。反應較慢的臉部中央區或四肢可能需要更多次的治療。

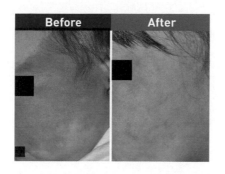

■ 圖 1 葡萄酒色斑，治療前及治療 7 次後。

2. 臉部微血管擴張

臨床表現為直徑約 0.1 到 0.5 mm 的紅色血管絲，聚合在一起有時會呈現一片紅斑，可能由於體質、光老化、雌性素，或肝臟疾病等等情況所引起，用染料雷射的治療效果相當不錯，約 1 至 2 次治療就可達到明顯的效果。但腿部的微血管擴張管徑較大，若是直徑超過 0.5 mm，染料雷射不見得有效，需要施打其他長脈衝血管雷射如 1064nm 長脈衝釹雅鉻雷射。

3. 玫瑰斑

玫瑰斑，舊稱酒糟，是一種慢性發炎疾病，第一期病徵為在運動、日晒吹風、吃到辛辣或燥熱食物後於臉上出現潮紅、接著產生不會退去的持續性紅斑及微血管擴張。施行每

4 周一次，約 2 至 4 次染料雷射的治療可改善潮紅現象，減少臉部微血管密度，使社交及生活品質獲得改善。

4. 血管瘤

包括嬰兒血管瘤（特別是出現潰瘍的狀況）、櫻桃狀血管瘤、蜘蛛血管瘤或靜脈湖，都可考慮使用染料雷射之治療，依血管瘤大小及深度決定治療次數，但由於染料雷射穿透深度只有 1 至 2 mm，因此對深部血管瘤是無效的。

5. 肥厚性疤痕和蟹足腫

在經過數次病灶內類固醇注射使肥厚性疤痕或蟹足腫的病灶變得扁平後，剩下的紅色痕跡可以使用染料雷射去除，每 4 周治療一次，依部位不同約治療 6~10 次，可使疤痕趨近膚色達到美觀的效果。

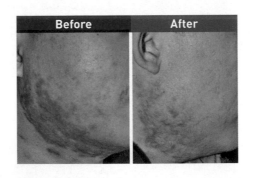

■ 圖 2　肥厚性疤痕，治療前及治療後。

6. 痤瘡及痤瘡紅色斑痕

　　痤瘡即俗稱之青春痘，染料雷射光能會被痤瘡桿菌產生的紫質所吸收，所產生的自由基可達到殺死痤瘡桿菌的功效，故對於發炎性的痤瘡也有效果。此外對於發炎後留下的紅色斑痕，超過 3~6 個月還無法自行褪去者，也可以用染料雷射治療，約 2~3 次可以看到斑痕淡化（圖 3）。但在接受染料雷射治療之同時，若仍有活動期之發炎性痤瘡，一定要同時接受口服或外用藥物治療，以免有「舊去新來」之困擾。另外紅色斑痕退去後若有痤瘡凹疤，要合併使用其他飛梭式雷射等之治療。

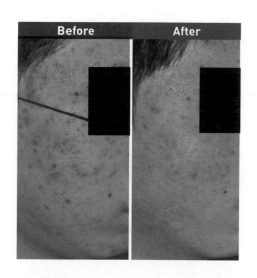

■ 圖 3　痤瘡紅色斑痕，治療前及治療 2 次後。

7. 妊娠紋或生長紋

早期仍呈現紅色的妊娠紋或生長紋，染料雷射可幫助其回復，除了減少血管增生外，也可以刺激因張力斷裂的膠原蛋白再生，但如果是晚期的白色妊娠紋或生長紋，則沒有幫助。

8. 病毒疣

由於病毒疣的真皮層內也富含微血管，因此也可以使用染料雷射抑制其生長。

四、常見問題 Q & A

1. 打染料雷射很痛嗎？要不要先擦麻藥？

染料雷射都有配備冷卻系統，有的用動力式冷媒噴灑，有的用接觸式或冷風式冷卻，不但可以減少雷射施打時的疼痛，也可以保護表皮不會產生水皰或反黑等副作用。很多人形容其疼痛感像被橡皮筋彈到，一般在施打後冰敷 10-20 分鐘痛感即降低很多。那怕痛的人可不可以先擦麻藥？因局部麻醉藥的成分會使皮膚血管收縮，恐使病灶變的比較不明顯影響施打範圍的判斷，但對染料雷射的治療成效並不會造成影響。

2. 染料雷射術後要如何照顧皮膚？可以碰水嗎？

　　染料雷射施打後出現短暫性皮膚紅腫、瘀青屬於常見的狀況，瘀青是因血管被染料雷射破壞紅血球流入皮膚組織造成。若出現瘀青約 3 到 7 天退去，在適當調整雷射能量及脈衝時間下，很少會有水皰破皮等傷口狀況發生，甚至不出現瘀青也可得到治療效果。

　　染料雷射術後仍可使用洗臉用品，但應避免用毛巾用力磨擦治療處的皮膚，術後 1 周也不適宜使用磨砂膏、果酸、A 酸等刺激性產品。術後保養請使用保濕乳液或乳霜，並在白天做好防晒，以避免皮膚反黑的問題。

結論 · *Conclusions*

　　綜合來說，染料雷射是相對好照顧的雷射治療，若您有類似的「紅之困擾」，可到皮膚專科醫師的醫療院所諮詢，以接受正確的診斷及治療。

About the Author

廖怡華 | 國立臺灣大學醫學院皮膚科副教授
臺大醫院皮膚部主治醫師
臺灣皮膚科醫學會理事
中華民國醫用雷射光電學會理事
台灣皮膚暨美容外科醫學會理事
Journal of Cosmetic
Dermatology 副主編

學歷：臺灣大學醫學系畢業
臺灣大學醫學院病理研究所博士
資歷：臺大醫院皮膚部住院醫師
美國 Baylor 醫學院分子及細胞生物研究所訪問學者
專長：皮膚外科學、皮膚雷射美容醫學、皮膚腫瘤學

編者叮嚀：

1. 染料雷射基本上是一種屬於可見光的血管性雷射，血紅素相對吸收較佳的波段，目前仍是血管病灶的治療首選。

2. 波長選擇（585-600nm）視血管大小及深度決定，另外必須考量脈衝時間及能量。

3. 對於紅色疤痕如痘疤，蟹足腫、酒渣有一定療效可當做輔助治療。

4. 對其他皮膚病灶，如病毒疣、乾癬療效仍未定論。

5. 染料雷射治療雖然大多無立即性傷口，但能量較高的時候仍可能起水泡或血泡進而產生傷口感染。

飛梭雷射

飛梭雷射可使用全身多部位，包含眼周、頸部等敏感細緻部位肌膚，有效撫平凹洞淡化痘疤，還你平整肌膚。

一、何謂飛梭雷射

「飛梭雷射」（fractional laser）是一種分段式能量輸出的雷射治療模式，應用由 Manstein 與 Anderson 於 2004 年提出的分段式光熱分解效應（fractional photothermolysis）。因其基本原理是將每一個雷射光束，經由電腦控制細分成數百到數千個微小的光點輸出，在外觀上可以看到非常多排列整齊的細小微點，因此中國又稱「點陣激光」，達到類似傳統雷射磨皮（laser resurfacing）的效果，以改善因為光老化或組織流失的皺紋、疤痕、鬆弛甚至色素沉澱等問題，比傳統磨皮雷射有較短的修復期與較少術後不良反應的優點，是雷射光電技術的一項重大突破。

二、適應症

- 光老化皮膚，改善膚質、角化與色素不均。
- 疤痕：凹陷性疤痕、肥厚性疤痕、脫色性疤痕、痤瘡水痘疤痕、手術性疤痕。
- 靜態性皺紋：眼角、嘴角、頸紋、妊娠紋等。
- 皮膚細緻度、皮膚鬆弛、毛孔粗大等。
- 黑斑、色素沉澱等，但治療在東方人的皮膚須保守謹慎。

三、治療的方法原理與種類

2004 年，Manstein 與 Anderson 提出的分段式光熱分解效應（fractional photothermolysis）。最初的原型是用 1550 奈米的非汽化式鉺玻璃雷射（erbium:glass），將每一個雷射光束，經由電腦控制細分成數百到數千個微小的光點，類似電腦影像的單位「像素」（pixel）的概念，照射在皮膚上會形成顯微加熱區（microthermal zone）。每一個顯微加熱區的作用雖然強烈而明顯，但加熱區的周圍及深部是正常且結構完整的皮膚組織。治療後表皮和真皮會立即凝結，但角質層結構是完好的；隨即皮膚會啟動修復功能，一般而言在 24 小時內表皮細胞即會進行修補，基底層就會被修復，

然後含有被凝結的表皮真皮組織及少數黑色素的微細表皮壞死碎屑會在 1 周內被排出。真皮顯微加熱區的修復則會持續進行 4 到 6 周，伴隨膠原蛋白收縮與新的膠原蛋白形成。

飛梭雷射依其作用原理可分為汽化及非汽化式化兩大類：

1. 非汽化（剝脫）式雷射（Non-ablative laser）

即前面所述，多採取中紅外線光譜波長的雷射，雷射光穿透表皮深度可達網狀真皮層，加熱表皮及真皮凝結後產生新的膠原蛋白以填補組織為主。其主要的優點是能保護表皮的完整以及最小程度的表皮真皮的破壞，因此可以減少並縮短術後的不良反應。其代表的機種為 1550 奈米的鉺玻璃雷射（erbium:glass），如最早提出論文的 Fraxel 雷射，因其有特殊的滾輪探頭利用其特殊的專利技術（Intelligent Optical Tracking System, IOTS），在皮膚表面滾動以輸出能量，又被稱為滾輪飛梭。其他也有波長如 1540 奈米的鉺玻璃雷射、1440 奈米的二極體（diode）、1927 奈米的銩光纖（thulium fiber）雷射等機種。

近年來因為皮秒雷射的應用盛行，以波長 755 奈米的亞歷山大雷射（Alexandrite）配合聚焦陣列透鏡技術（FOCUS lens array），或是波長 532/1064 奈米的釹雅鉻雷射（Nd:YAG）配合微透鏡陣列（microlens array, MLA）或

全像聚焦技術（holographic optic），將雷射能量重新分配，在不破壞皮膚表面下，以光聲波效應（photoacoustic）造成表皮下雷射誘導光學分解（laser-induced optic breakdown 或 laser-induced thermal breakdown），分別在表皮或真皮形成空泡樣破壞，同樣會啟動皮膚的修復機制，並促進膠原纖維新生以達到前述非汽化式雷射的效果。

　　非汽化式飛梭雷射術後幾乎無明顯傷口，恢復期較短，照顧方便；術後較不易傷口感染或有反黑風險，幾乎無長期不良反應，都是它的優點。但是因為單次效果較不明顯，常需多次治療，則是最常見的缺點。

2. 汽化（剝脫）式雷射（**Ablative laser**）

　　此類雷射即傳統的以汽化剝離組織，造成皮膚重新癒合並刺激膠原蛋白新生為主，共有三類：二氧化碳飛梭雷射、鉺雅鉻飛梭雷射與鉺：釔鈧鎵石榴石雷射（Er: YSGG laser，波長亦為 2790 奈米，全名 erbium-doped yttrium-scandiurn-gallium-garnet laser）。其治療原理與非汽化（剝脫）式飛梭雷射類似，亦是將雷射光束飛梭化，分解成數十到數百個陣列小點，以保留一定比例的正常皮膚，以減少恢復期與術後的不良反應。二氧化碳飛梭雷射因其波長最長，水分吸收效果最好，穿透也最深，且因其熱效應佳，具有較好的止血效果，亦可達較好的膠原蛋白生長效應，是目

前較為廣泛使用的機種。但也因為其熱效應較高的關係，產生術後不良反應如皮膚發紅，甚至色素沉澱的機會都比鉺雅鉻飛梭雷射為高。

若以單次治療而言，汽化式飛梭雷射較非汽化式飛梭雷射為佳，但仍需視病人的各種情況而定。

四、常見問題 Q & A

1. 飛梭雷射要做幾次？

雖然飛梭雷射具有恢復期短、副作用少的優點，但因為不同疾病與雷射作用的效果的因素，每次間隔至少需 4 至 6 周，甚至更久；治療次數也須視疾病的嚴重程度而定。

2. 誰不適合飛梭雷射？

- 皮膚感染。不管是細菌、黴菌或是病毒感染，都不應接受任何手術或雷射治療。有的醫師會在術前給予預防性的口服抗生素或抗病毒藥物，以避免可能的術後感染。
- 疤痕或蟹足腫體質。雖然飛梭雷射可以治療某些肥厚性疤痕，但在治療時仍需小心，可以先實施局部小範圍的試打以觀察療效。
- 藥物的使用。病人如有服用抗凝血劑，在接受汽化

式鉺雅鉻飛梭雷射時會有出血的風險，術前建議術前暫時停止服用 3 日。

- 濕疹、過敏、皮膚炎自體免疫疾病或其他對光線敏感疾病如紅斑性狼瘡。
- 對飛梭雷射治療結果期待過高的患者。

3. **術後保養的注意事項**？

- 術後可以給予冰敷至少 10 分鐘，隨後數小時內仍可冰敷數次以減少泛紅與水腫。
- 3 天內可用生理食鹽水或煮沸過冷開水清洗；3 天後可以用溫和洗面乳洗臉；2 周內勿使用去角質產品或刺激性保養品。
- 術後第 3 至 7 天皮膚會開始出現輕微脫屑情況，此時切勿搔抓，需視傷口情形使用外用藥物，汽化式雷射可使用抗生素藥膏或凡士林；非汽化式雷射使用凡士林或親水式乳膏，直至皮膚完全恢復。
- 術後須立即開始防晒措施，可先以撐傘、帽子等作為物理性防晒；傷口癒合後即可使用防晒乳液，直至療程結束後數周仍需持續防晒。

4. **術後可能會有的不良反應**？

- **感染**：術後感染可能會是細菌、黴菌或是病毒。最

為人知的是單純泡疹病毒的感染。事實上許多人過去曾有感染過單純泡疹的病史，因此可以先給予抗病毒物以預防之。術後如果有確實做好照顧措施，細菌感染的機會會比較低，但仍有感染抗藥性的金黃色葡萄球菌的病例發生。

- **泛紅**：泛紅是飛梭雷射術後最常見的反應，是一個炎性癒合的必經過程，嚴格來說應不算是不良反應，它和雷射照射的深度與熱效應的程度有直接關係，因此汽化式會比非汽化式飛梭來的明顯，持續的時間也會比較長。一般而言，非汽化式飛梭的泛紅約在 1 至 3 天，而汽化式飛梭可能持續將近 1 周，甚至更久。如果紅斑持續過久甚至超過 1 個月，就必須考慮其他因素。有的醫師會建議術後給予發光二極體（LED）照射的光調節治療或脈衝染料雷射，來減少持續性紅斑的症狀。

- **發炎後色素脫失**：過去在傳統雷射磨皮後常發生的色素脫失，在非汽化式飛梭包括二氧化碳及鉺雅鉻也會發生。準分子雷射可以改善部分發炎後色素脫失的問題。

- **發炎後色素沉澱**：發炎後色素沉澱也常被稱為「反黑」。東方人屬有色人種，表皮的黑色素細胞較大，黑色素較多，黑色素細胞受刺激的反應也較

高，因此在接受外來的刺激後，形成色素沉澱的機會也較白種人高。炎性反應的程度、表皮真皮交界處的破壞導致色素掉入真皮，是發炎後色素沉澱的主要決定因素。傳統的磨皮雷射因為熱效應大，整體組織受熱影響範圍較廣，以及表皮真皮交界處幾乎完全破壞，因此術後反黑機率可高達四成。其次是汽化式飛梭雷射，而非汽化式飛梭雷射的反黑率較低。為了減少術後的反黑，臨床醫師會利用以下數種方法以避免之：

(1) 在治療前給予皮膚保護，例如確認皮膚無晒傷或晒黑、術前先給予退斑藥物以減少治療標的區域的色素量。

(2) 治療中由低能量、低密度開始，避免過度重複施打同一區域，並適度實施表皮保護措施例如冷風降溫等等。

(3) 術後著重於減少炎性反應、加速皮膚癒合，包括給予外用類固醇、給予發光二極體（LED）照射的光調節治療，並嚴格做好防晒。

- **結痂、水腫、疼痛：**不管汽化式或非汽化式飛梭雷射，術後均會造成不同程度的結痂、水腫或疼痛，

但仍以汽化式雷射較為顯著。高能量、高點陣密度的非汽化式飛梭術後仍會出現 3 至 7 天不等的表皮結痂、脫屑、水腫，以及伴隨而來的紅斑。

結論 · *Conclusions*

　　飛梭雷射是一個應用分段式光熱分解效應來治療因光老化或組織流失的皺紋、疤痕、鬆弛，或是改善皮膚紋理、毛孔甚至色素不均的問題，比傳統磨皮雷射治療有較短的恢復期與較少的術後不良反應。結合其他的儀器治療如脈衝光或無線電波技術，可以提供更好的療效。

About the Author

張英睿 | 張英睿皮膚專科診所院長

資歷：亞東紀念醫院、馬偕紀念醫院皮膚科兼任主治醫師
臺灣海峽兩岸皮膚醫學暨醫學美容交流學會常務監事
台灣皮膚暨美容外科醫學會理事
中華民國醫用雷射光電學會理事
中華皮膚科醫學雜誌（Dermatologica Sinica）
（SCIE）編輯委員
臨床皮膚科雜誌（江蘇）（Journal of Clinical
Dermatology）編輯委員
教育部定助理教授

編者叮嚀：

1. 飛梭雷射不是某種單一特殊的雷射而是一種雷射輸出的治療模式；研發的目的是為了減少傳統雷射治療的修復時間過長及色素沉積等副作用。目前已有多種不同波長的雷射儀器都發展成飛梭的模式。

2. 飛梭雷射對疤痕、縮毛孔、皺紋需多次治療才能達到好的療效。

3. 飛梭雷射可依照「汽化性」及「非汽化性」做粗略的區隔。兩者比較，非汽化性較無傷口及反黑等副作用，但治療效果也相對較弱。汽化雷射則反之。

4. 不論何種飛梭雷射對肝斑效果不佳，且易產生副作用。

5. 臉上皮膚有過敏（紅）或青春痘時宜避免施打，以免爆發更多痘子。

皮秒雷射

隨處可見的廣告，美容醫學界最火紅的皮秒雷射，真的能做完就變成光滑淨白雞蛋肌嗎？到底與其他雷射有甚麼不同？

一、何謂皮秒雷射

「皮秒」（picosecond, ps）指的是一個時間單位，為 10^{-12} 秒（萬億分之 1 秒）。「皮秒雷射」顧名思義就是脈衝時間為 10^{-12} 秒的雷射方式，能瞬間粉碎色斑。

傳統的皮膚雷射原理是源自 1980 年代發現的「選擇性光熱分解」（selective photothermolysis）作用。藉由選擇不同的雷射波長，能選擇不同的目標吸光質（如皮膚組織的黑色素、血紅素或水分子）在吸收雷射的光能後轉成熱能而達到破壞分解標的物的效果。為了保護附近的組織不受傷害，雷射光束的照射時間（脈衝時間）要小於標的物的散熱時間（熱緩解時間）。而這些熱傷害就是造成治療後熱

痛、傷口結痂及術後反黑的原因。

在皮秒雷射問世前，除斑及除刺青的雷射機器都是 Q 開關奈秒（nanosecond, ns, 10^{-9} 秒）雷射。由於刺青分子很小，熱緩解時間很短（10ns），為了能更有效的去除刺青，所以研發出雷射脈衝時間更短的皮秒雷射。

與傳統的奈秒雷射相比，皮秒雷射脈衝時間短，光熱傷害小，術後傷口結痂反黑情形能大幅減少，省去恢復期照顧的麻煩。而去除色素刺青的能力因為更高的瞬間能量高峰讓標的物快速升溫，產生更強的光震效應（photomechanical／photoacoustic），能更有效的粉碎色素顆粒，更易由淋巴代謝，使治療次數減少。也就是說皮秒雷射藉由高光震、低光熱傷害的特性能提供更舒適有效的斑點淡化及刺青去除。

除了皮秒雷射超短脈衝時間的特色外，每一台皮秒雷射機器都有附加的「聚焦」功能，運用各自研發的「蜂巢透鏡、聚焦透鏡或飛梭透鏡」，把雷射的能量聚焦在很多的小點上面，提高每一個小點的能量到 12~20 倍，產生雷射光震破壞，稱為雷射誘導的光學擊穿效應（LIOB，laser-induced optical breakdown），瞬間高能量形成「電漿效應」，造成皮下空泡。當這些空泡損傷的地方慢慢癒合時，膠原蛋白與彈力纖維的增生，就能像沒有表皮破裂的隱形飛梭般，達到皮膚緊緻及改善老化肌的功能。

不同波長的皮秒雷射能粉碎皮膚深淺層黑色素、各色刺青的顏料，藉由聚焦原理，能刺激膠原蛋白增生改善凹疤及皺紋。只是雷射雖然能明顯淡化色斑、亮白膚色、嫩膚回春，但取決於色斑的大小、性質與位置，還是需要多次療程。

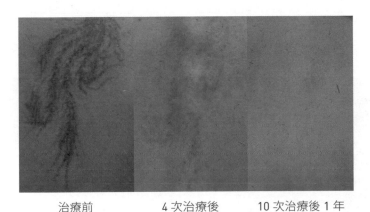

治療前　　　　　　4 次治療後　　　　10 次治療後 1 年

■ 圖 1　皮秒雷射除刺青，治療前與治療後。

二、適應症

- 色素斑
- 刺青
- 疤痕
- 皺紋
- 緊膚

三、治療的方法原理與種類

　　自 2013 年 8 月第一台皮秒雷射機器引進臺灣後，5 年半內已有 6 台不同廠牌的皮秒雷射儀器在臺登記。劃時代科技的第一台儀器是皮秒亞歷山大雷射（PICOSURE® 755NM）。早期是研發來改進雷射除刺青的，隨著使用經驗增加，發現對改善色素斑、痘疤、皮膚老化皺紋也有效果，也得到美國及臺灣的 FDA 許可。

儀器名稱	Discovery PICO 探索皮秒	PicoSure 皮秒亞歷山大	enlighten 因萊頓	PicoWay 皮秒衛	PICO +4 儷妮可	Picocare 沃泰克	piccoLo
療程名稱	探索皮秒	蜂巢皮秒	PicoQ	全像超皮秒	4D 皮秒	真皮秒	柔皮秒
美國 FDA	V	V	V	V	V	V	V
臺灣衛福部 TFDA	V 105/05/18	V 102/08/12	V 105/03/22	V 104/11/27	V 105/11/21	V 106/10/25	V 108/06/13
治療原理	光震波+光熱	僅有光震波	光震波+光熱	僅有光震波	光震波+光熱	僅有光震波	僅有光震波
治療波長	1064/532/694	1064/755/532	1064/670/532	1064/785/532	1064/660/595/532	1064/660/595/585/532	1064/532
脈衝時間	450/370 ps	750 ps	750 ps	450/375 ps	450 ps	450 ps	450/350 ps
瞬間功率	1.8GW	0.36GW	0.8GW	0.89GW	1.8GW	1.09GW	1.1GW
最高能量	800mJ/300mJ	200mJ	600mJ/300mJ	400mJ/200mJ	800mJ/300mJ	600mJ/300mJ	500mJ/350mJ
聚焦技術	Microlens	Microlens	Microlens	D.O.E.	Microlens	Microlens	D.O.E.

（沃醫學有限公司提供）

四、常見問題 Q & A

1. 誰不適合皮秒雷射？

- 懷孕婦女。
- 有血液或免疫系統疾病（心臟病、糖尿病、高血壓、白斑患者）。
- 服用光敏感藥物、口服 A 酸者。
- 1 個月內有果酸治療、日晒活動者。
- 治療區域有皮膚過敏發炎、傷口、皮膚癌、臉部易長皰疹者。
- 蟹足腫體質者，應事先告知醫生以利評估。

2. 每一台皮秒雷射效果都一樣嗎？

雖然原理相同，但每一台機型波長不同，脈衝時間、最高能量不同。只是雷射效果也不是只取決於機型，即使是同一台儀器，不同醫師執行的治療結果也不同。就像寫毛筆字一樣，即使使用的墨水與毛筆一樣，每人能寫出來的字畫不同。

首先，治療前要先確定想改善的肌膚問題是否有惡性病變，由皮膚科醫師專業評估判斷這些病灶是否可以改善，訂下治療規劃。治療時根據經驗隨時調整治療能量與方式。不同膚色、不同日常生活作息環境，與不同的術後皮膚照顧都

是會影響效果的因素。因此在做功課努力比價的時候也要考量到這一點。

3. 皮秒雷射術後會結痂嗎？

取決於斑點深度及大小，執行者選用的光點與調整的能量，有些情形會有結痂情形，但結痂的範圍一般比奈秒雷射小許多，有些超細小的痂看起來只像膚色變深。

4. 皮秒雷射修復期要多久？治療多久後會有效果？

取決於病灶及選用的光點與調整的能量，修復期由無~6 周不等。

5. 皮秒雷射一定不會反黑嗎？

取決於膚色、治療前日晒情形、調整的雷射能量及術後照顧情形，還是會有反黑的狀況，只是比傳統的雷射機率小許多。

6. 皮秒雷射要做幾次？

取決於治療目標設定，皮秒雷射需多次才能達到最佳效果，治療間隔至少 1 個月，一般建議 3 次治療後可以評估治療效果。

結論 · *Conclusions*

　　皮秒雷射治療效果與執行者的參數設定及執行方式有關，雷射機器品牌非唯一關鍵，請先確定治療目標與診斷，要能與雷射執行者溝通及追蹤效果。諮詢時請事先告知皮膚外科醫生是否有懷孕、系統疾病、服用藥物、蟹足腫體質，及 1 個月內有進行果酸治療或從事日晒活動，以便評估。

 About the Author

許仲瑤 │ 基隆長庚醫院皮膚部主任

資歷：長庚紀念醫院北院區（基隆、台北、林口、桃園）
　　　皮膚科 主治醫師
　　　基隆長庚醫院皮膚部主任

編者叮嚀:

1. 皮秒雷射理論上優於奈秒雷射,但臨床上使用效果差別並無特別顯著,尤其是針對色素斑治療。

2. 皮秒電射的蜂巢或聚焦模式,對於疤痕治療比較非汽化性飛梭雷射,不論效果或皮膚恢復都比較好。

3. 採用的儀器及波長、能量、脈衝時間等參數設定必須配合每人每次情況之不同才能有最佳的治療效果,因此皮膚科醫師的專業評估並且一起充分討論都是不可或缺的。

4. 皮秒雷射是比較新的雷射機型,近2~3年來,使用醫師漸多,集體臨床經驗累積後應該會發現更好的治療參數,預期未來會成為雷射治療的主流。

脈衝光

　　脈衝光是利用整個光譜的強力光照進而治療皮膚。因能量較雷射為低，且不屬於雷射的單一波長，因此脈衝光通常可以應用在廣泛性的皮膚問題治療。

一、何謂脈衝光

　　脈衝光為一整段高能量多波長 (420~1200nm) 的光美肌法，與單一波長的雷射光線不同，因此脈衝光可以應用在皮膚保養或治療膚色不均，除毛及肌膚年輕化的各種問題，也可當作美醫入門體驗或取代傳統做臉療程，一次便可達到讓人驚嘆的嫩膚效果，治療過程中醫師可選擇波段與能量，透過水晶過濾片及凝膠，輕輕施打於肌膚上約 15 分鐘，便可即時感到提亮緊緻的面容，可以說是午間美容的首選！目前市場上的不同名稱如 M22 彩衝光、光子嫩膚、Quantum 光騰美顏、Ellipse 精萃光、BBL 光等等都是不同廠牌利用相同原理的應用。

二、適應症

　　主要功能為除斑、淡疤、退紅、美白、緊實毛孔。全臉保養每季 1 次，治療單一症狀，視範圍大小需多次以上。全臉及頸部治療約 120 發起。治療後沒有傷口，不需特別護理。

- **血管擴張**：青春痘及紅痘疤問題、皮膚潮紅、敏感泛紅及微血管絲等。
- **色素斑**：晒斑、雀斑、暗沉等膚色不均。
- **抗老**：刺激膠原蛋白新生、緊緻肌膚，縮小毛孔、改善細紋。
- **除毛**：破壞毛囊，永久毛髮減量。

三、治療的方法原理與種類

1. 色素斑／膚質改善

- 評估病患的皮膚問題，並選擇適合的波段與能量。
- 治療部位確實清潔乾淨，可依病患疼痛忍受力，適時給予表面麻醉藥膏（敷 10~20 分鐘）。
- 隨時注意病患雙眼是否配戴眼罩或密封，避免強光引起眼部不適。

2. 血管擴張

血管性治療不建議使用表面麻醉藥膏，因麻醉藥膏會使血管收縮，影響治療範圍的判別。

3. 除毛治療

- 治療前一晚，先行將治療部位的毛髮用剃刀刮除。
- 治療部位確實清潔乾淨，可依病患疼痛忍受力，適時給予表面麻醉藥膏（敷 10~20 分鐘），於治療前需卸洗乾淨。
- 施打時注意疼痛度、以免灼傷。

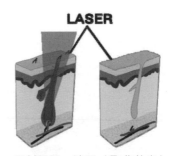

脈衝光屬廣泛的波段範圍（擴散的光）　雷射屬單一波長（聚焦的光）

■ 圖 1　　　（沃醫學有限公司提供）

四、常見問題 Q & A

1. 療程前的注意事項？

- 治療前與皮膚專科醫師詳細溝通，評估脈衝光單一

或合併其他美容方式。

- 療程前 2 周應避免日晒或做日光浴，以免使肌膚中的黑色素活躍影響療效，引起暫時性色素沉著。
- 治療前 2 周請停止使用 A 酸或光敏感藥物如四環黴素。
- 治療前 2 周避免進行任何刺激性的皮膚護理，如：去角質、果酸、酒精等刺激性的保養護理。
- 除毛治療前 1 個月內不可進行蜜蠟脫毛或電針拔毛等刺激性除毛的療程。
- 曾有局部麻醉藥劑或外用藥膏過敏的患者，請於術前告知醫師。

2. **療程後的注意事項**？

- 去除色素斑／膚質改善：
  (1)治療後治療區域可能產生極輕微的紅腫、肌膚內有些許溫熱感，乃為正常現象。如出現紅腫現象較嚴重，可配合冰敷消除。
  (2)治療後 1 周內，色素斑點顏色可能變深，部分表淺色素斑會結成痂皮，約 3~5 天會自行脫落（勿自行摳除痂皮），部分深層斑會漸漸轉淺，被身體代謝。
  (3)治療後不建議進行過度刺激的護理（如：A 酸、

果酸）。

⑷術後避免日晒，加強保濕與防晒措施。

● 除毛：

⑴治療後治療區毛孔周邊會出現短暫的輕微紅腫，表示能量都有被毛囊組織吸收，有效達到治療的效果，可冰敷降低不適感。

⑵治療後 3~5 天，可見殘留在毛囊中的毛髮可輕易的拔起，此時可進行餘髮清除的動作。

⑶治療後 1 周內請勿游泳、泡湯與進行過度刺激的護理。

● 除血管：

⑴治療後治療部位會有些微紅腫與溫熱感，治療後可冰敷降低不適感。。

⑵治療的血管病變會消失或霧化，或顏色稍微加深在 1 周內會慢慢退淡。

3. 治療時間要多久？需要幾次治療才會有效果呢？

● **去除色素斑／膚質改善**：臉部每次療程約 15 分鐘，於國外稱為「Lunch Time Treatment」（午餐療程），每次間隔 4 周以上，每個療程約 3 次，可達到不錯的效果，往後可以每年定期保養。

● **除毛**：視治療區域大小，其治療時間不同，雙側腋

毛約 10 分鐘，雙腳腿毛約 20 分鐘。因毛髮有生長周期，脈衝光除毛主要針對處在生長期的毛髮進行破壞，所以治療次數要 3~5 次，每次間隔 4 周以上，可達到最佳除毛效果。即使治療一陣子又長出新毛髮，也會是不影響美觀的細軟毛。且除完毛後因毛孔緊縮，整個膚觸都會比較光滑。

- **除血管**：治療臉上血管絲，青春痘與發炎後的紅腫現象，較嚴重的泛紅酒糟，微血管擴張等，治療次數建議 3~5 次，每次間隔 4 周以上亦可有效改善，若為較深層難根治的病變則建議配合染料雷射或藥物治療。

4. 脈衝光治療與雷射治療有何不同？

	脈衝光	雷射
治療項目	改善膚質及膚色，提亮皮膚。	不同的病灶要有不同波長的雷射治療。
治療定位	醫美入門的美肌治療，可配合其他雷射複合治療。	較嚴重難去除的病灶，需要專業波長的雷射來治療。
除斑術效果	淺層雀斑及深層肝斑都獲得改善。	可進一步清除深層斑。
除斑術後反應	無到輕微痂皮，無返黑。	會有明顯痂皮，及暫時返黑及返白現象。

	脈衝光	雷射
除斑術後照顧	按照平常習慣。	需要防曬。
除毛效果	適合較粗的毛髮（如腋毛，腿毛）。	細～粗的毛髮都可去除。
除血管效果	適合較細的血管或泛紅的問題。	泛紅～細～粗的血管可配合不同種類的雷射去除。

5. 脈衝光治療會不會有副作用？

脈衝光的治療是相當安全的，但必須由皮膚專科醫師操作，正確的診斷才打出有效治療，並減少副作用的發生。副作用可能會包括燙傷、起水泡，暫時形成斑馬紋，或術後反黑（發炎性色素沈著），在良好的照護之下，脈衝光引起的副作用多數都能恢復。

6. 脈衝光與雷射治療，哪一種效果好？

基本上脈衝光是醫美治療入門，也可當作長期保養的光回春術，任何膚質都可進行脈衝光治療，之後再進階雷射治療。脈衝光同一天可搭配電波拉提、皮秒雷射、染料雷射、或注射微整型也可。若不希望有恢復期，或工作忙碌、長期飛行的病患，脈衝光絕對是優於雷射。

7. 什麼是脈衝光除紅黑疤？

脈衝光一種融合許多波長的光束，能同時進行淡斑退

紅、緊縮毛孔及細紋等療效的多功能回春光，治療 15 分鐘
會明顯感覺到膚質透亮，術後便可立即上妝。

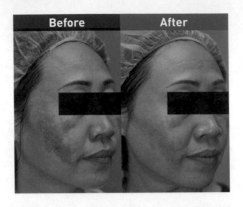

■ 圖 2　對於頑固的肝斑，脈衝光治療比雷射來得安全。

8.　脈衝光多久可以做一次呢？

　　廣受粉領族喜愛的脈衝光，有些人把它當成做臉保養療
程，每季或半年施打一次；但想明顯改善頑固黑紅痘疤，建
議 3 次治療比較能完整消退（療程至少間隔 1 個月 ）。

結論 · *Conclusions* ————————

　　「脈衝光」幫助你擊退黑色素及紅血絲。一般輕微的
黑痘疤，可以每天外用祛斑藥膏治療；但對於面積大、顏色
深及較為嚴重痘疤，脈衝光治療是不錯的選擇！

 About the Author

胡倩婷 │ 長庚醫療財團法人長庚診所副院長

資歷：長庚紀念醫院皮膚科系副教授
　　　長庚科技大學化妝品系副教授
　　　北京清華大學長庚醫學發展研究院專聘副教授
　　　廈門長庚醫院美容醫學中心召集人

編者叮嚀：

1. 脈衝光為多波長（420~1200nm）的高能量光療與雷射的單一
　 波長不同，對色素、血管、除毛、回春有療效，但也需要多
　 次治療。

2. 新型儀器可調節使用波長（隔絕不需要的部分可減低周邊組
　 織的附帶性傷害），也可依照需求調整脈衝時間及形式，用
　 以治療更多種適應症。

3. 醫師操作及能力相當重要，個別差異很大，操作不當很容易
　 造成皮膚灼傷。

電波拉皮

　　隨著年齡的老化，皮膚組織會產生自然的退化，加上外在刺激，尤其是紫外線導致的光老化，導致真皮層主要成分之一的膠原蛋白失去正常排列，加速分解並減少，皮膚逐漸失去彈性，進而產生細紋、皺褶、鬆弛等問題。

　　無數的儀器被研發出來，用以改善老化的肌膚，達到所謂回春的效果。雷射、脈衝光是其先驅，可大致分為非剝離式（non-ablative）與剝離式（ablative）。非剝離式光療回春因幾乎無修復期，患者接受度較高，但因光線折射、散射、吸收等問題，導致能量抵達皮膚的深度較淺，主要效果在表皮，可改善黑斑、膚質粗糙、色澤暗沉不均等問題。剝離式治療雖有效，但其修復期較長，近年已進化為飛梭方式，以密集的細點狀破壞來縮短修復期。

一、何謂電波拉皮

　　而以無線電波（radiofrequnecy）為能量來源的儀器，俗稱電波拉皮，不會像雷射能量會被表皮黑色素吸收，治療

深度可達真皮層深部或脂肪層。其主要治療效果為拉提緊實，改善下垂鬆弛，臉頰、下顎線、眼周，乃至於雙下巴、頸部，均是可以治療的位置。治療區域目前更延伸到身體及四肢，亦可改善臀部、大腿的橘皮組織。

二、適應症

皮膚鬆弛、皮膚疤痕。

三、治療的方法原理與種類

其作用原理乃由儀器探頭產生電磁場，使皮膚組織內的游離電子產生極化作用，產生頻率約每秒六百萬次的震盪，電子震盪因組織電阻而產生熱能，就像摩擦生熱，進而加熱真皮組織，深度甚至可達脂肪層中膈，產生融脂的效果。治療效果主要可分為兩部份：

1. 立即效果，治療後立即的緊實

組織內的膠原蛋白在加熱至 65℃時會產生蛋白質變性，破壞原膠原蛋白（tropocollagen）分子間的交聯鏈結，而原膠原蛋白內的交聯鏈結則不受溫度影響，兩種反應的總和結果，使膠原蛋白產生收縮，達到治療後立即緊實的效果。

2. 長期效果，持續的膠原蛋白新生與重組

　　熱刺激也可活化纖維母細胞，產生更多的新生膠原蛋白，使真皮膠原密度增加，並引起膠原蛋白重組，在術後1至6個月間還能持續使皮膚緊緻、改善輪廓線，達到拉提的效果，另有改善膚質及黯沉的附加好處。

　　電波探頭可分為單極、雙極和多極。單極探頭電磁能量介於探頭於接地貼片之間，因此加熱深度可以較深，目前可達皮下 4.3 mm。雙極或多極探頭的電磁能量則介於極點之間，通常經由塗於皮膚的電解液，或極點間的皮膚組織，因其行經路徑較短，所需電流較低，但也相對限制了治療深

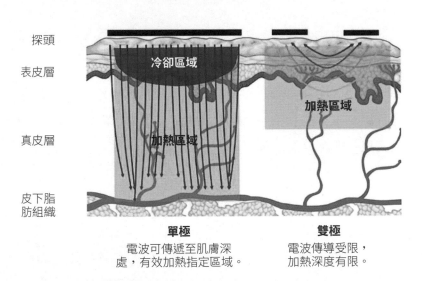

	單極	雙極
探頭 表皮層 真皮層 皮下脂肪組織	電波可傳遞至肌膚深處，有效加熱指定區域。	電波傳導受限，加熱深度有限。

■ 圖 1　單極電波 V.S. 雙極電波優勢。

度。多極探頭則試圖利用交錯的電磁線，使中央能量提高，即使如此，深度仍無法像單極探頭那麼深。

四、常見問題 Q & A

1. 單極和雙極何者為優？

單極探頭內更有設計成矩陣式排列的細小電極，使中央部分因電容耦合而加熱最強，效果集中。並有專利技術使電流阻絕於探頭外緣，避免電流外溢造成皮膚灼傷。表皮冷卻系統，則使探頭溫度降低，於貼合皮膚時直接降低表皮溫度，減少表皮灼傷的機會。並有探頭加入溫度感應裝置，於皮膚溫度過高時發出警示提醒醫師。這些設計都增加了治療的安全性。

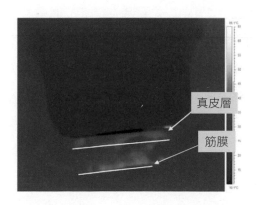

■ 圖 2　完整至真皮層加熱及纖維中隔加熱促進膠原蛋白增生。

2. 電波拉皮很痛嗎？

　　當電波拉皮剛推出時，疼痛是讓患者卻步的原因之一。除了皮膚塗抹麻醉藥膏，局部注射麻醉藥劑，新型機器加入了探頭震動系統，利用震動減低痛覺神經的訊號傳遞，大大的減輕了疼痛。有些醫師於患者全身麻醉下施打電波拉皮，雖可達到完全無痛，卻無法得知患者的疼痛程度，必須謹慎操作。因為患者疼痛回饋可以讓醫師評估治療加熱程度，在患者可承受的範圍內提高能量，加強治療效果；另一方面，疼痛也提供了醫師早期警示效果，超過平均的疼痛程度可能是加熱溫度過高，或傷害非目標組織的警訊。

3. 術後如何照顧？

　　電波拉皮治療後，因加熱皮膚組織，會有立即的紅、水腫，多可於數小時內逐漸消退。可溫敷或稍微冷敷，避免快速降溫使真皮內累積的熱能散失而減低療效。術後不會有傷口，可正常清洗保養上妝，術後數天應暫時避免刺激的保養品，如：果酸、去角質、美白、除皺等產品。若有部份區域加熱過度，可能造成皮膚灼傷，甚至起水泡，早期發現可立即局部冰敷降溫，並給予外用藥膏或貼人工皮照顧，以減少色素沉澱的機會。

4. 每次治療發數越多越好嗎？

目前治療的原則，傾向於多發、重複施打，但於單次治療完成。發數足夠，才能累積足夠的熱刺激，使組織提高至足夠的溫度，達到立即的皮膚緊緻，和長期的膠原蛋白新生與重組的雙重效果。發數不足，效果通常無法令患者滿意。單次的療效一般可維持一年以上，因此建議治療間隔為一年左右。

結論 · *Conclusions*

電波拉皮提供了一個非侵入性的方式，達到拉提的效果，讓愛美又怕開刀的人有一個好的選擇。但也因為儀器上的限制，無法達到拉皮手術的改善幅度。因此，醫師的術前評估非常重要，患者與醫師溝通討論，對效果有正確的期待，才能得到滿意的治療經驗。

About the Author

許劭民 | 許乃仁皮膚科診所主治醫師

資歷：成功大學醫學系畢業
　　　成功大學附設醫院皮膚部住院醫師訓練

編者叮嚀：

1. 電波拉皮事實上無法達到傳統拉皮的效果，用電波緊膚一詞可能比較合適，新一代的探頭較深，拉皮效果較佳。

2. 電波拉皮雖然比較痛但不建議使用靜脈全身麻醉，以免能量過高造成皮膚灼傷。

3. 其治療效果與電波儀器的作用型態〔單極 vs. 雙極、皮外接觸或合併針穿透等（此部分請參考下一章）〕、所用的參數能量、穿透深度等有關。

4. 目前市面上電波拉皮，以單極的電波儀器效果較佳。

飛針治療

促進皮膚緊實及組織重整有兩個必備條件，有足夠的刺激以再次啟發修復機制，而且這個刺激必須深入到需要被刺激的部位（皮膚內部到真皮層）才能有效作用且減低副作用。飛針治療原理為刺激皮膚真皮層，進而啟動皮膚自癒。

一、何謂飛針治療

飛針的刺激屬於物理性破壞。其探頭上有數十隻針頭，進行治療時會從皮膚表層刺入真皮層導致微創破壞。任何破壞，理論上都會有續發性局部皮膚的組織修復，進而有緊實及撫平疤痕的效果。問題是，單只有用針的微創破壞通常不足以有太大的效果。因此現行飛針治療通常會合併其他的模式來增加真皮層的微創破壞。最常合併的就是電波（Radiofrequency）。

所謂的電波，是使用電能在人體組織兩電極之間傳導時會產生熱能的原理，進而使著組織產生受控制的局限性熱傷害。為了精準的將電能（熱傷害）呈現在真皮層的不同深

度，因此儀器通常可選擇搭配數種不同長度針的探頭。

Epidermis · **表皮深度的探針**
主要目的是回春及淺部磨皮。

Mid-dermis · **中真皮深度的探針**
合併單極電波，主要目的是中層廣泛性的緊實。

Dermis · **真皮深度的探針**
合併雙極電波可聚焦於深部組織，主要目的是加強深層的局部緊實度。

■ 圖 1　飛針電波探頭可依治療深度做初略的分類（八億實業股份有限公司提供）。

二、適應症

　　若有真皮層的傷害或老化導致皮膚有疤痕、毛細孔粗大或下垂鬆弛等問題都很適合使用飛針治療來改善。

三、治療的方法原理與種類

　　如上述，除了傳統的針刺激之外，為了增加治療效果，

通常會在針刺入之後再放出刺激，目前坊間的儀器大多以電波輔助為主。另外，也可利用因飛針治療後的微小點狀傷口，由此路徑導入難以自行穿透皮膚防護層的藥物。

四、常見問題 Q & A

1. 治療次數及間隔建議為何？

治療次數及間隔會因適應症、部位、皮膚狀況及醫師的經驗等而有差異。但因本質上屬於侷限性微創破壞，因此飛針治療通常都會需要「多次數且間隔 2 至 4 周的反覆刺激」才會有較為顯著的效果。

2. 治療所需時間及其他需要注意的事項為何？

治療的過程本身通常不超過 1 個小時。效果通常得要幾個月至半年以上才會比較明顯。因為是讓皮膚較為緊實平滑，因此沒有一定多久就會失效。可是隨著時間，皮膚還是會再持續的鬆弛及老化，因此它的效果終究還是會減少的。為了減緩此效果的流失，也有可能在治療完成後，固定半年或一年再做治療來持續拉長效果避免流失。

治療前特別需要注意的主要是皮膚不能正處發炎的狀態。若有發炎性皮膚疾患或敏感性肌膚或有蟹足腫體質的患者必須先與皮膚美容外科醫師特別多溝通選擇較為適當的治

療時機與方式。術後勢必至少有一天甚至更久或有紅腫甚至癢痛的傷口癒合時間，必須先做時間上的預備（將重要社交活動排開）等。若有特別疼痛或傷口持續濕潤或顏色暗沉則需要早期回診請醫師再做評估處理。

結論 · *Conclusions*

　　對於皮膚鬆弛亦或質地不平整的患者而言，飛針治療確實是不錯的選擇。除了聚左旋乳酸 PLLA 等膠原蛋白增生劑，其他用於治療鬆垮的注射品例如玻尿酸注射等仍是以撐組織為主，鮮少有皮膚刺激及緊實的效果。飛針治療的效果是比較緩和的，因此治療後不會有立即性很大的差異，適合希望治療較為低調的患者。因為治療是使用細針穿刺來治療，因此會有微小的傷口並且會有些流血甚至時有瘀血的情形發生。點狀出血、瘀青較常出現於眼周等微血管密度較高及皮膚較為細緻的區域。

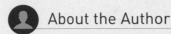

About the Author

石博宇 | 保順聯合診所副院長
臺北醫學大學萬芳醫院皮膚雷射
美容中心主治醫師

學歷：臺北醫學大學醫學系
資歷：台灣皮膚暨美容外科醫學會秘書長
　　　臺北醫學大學萬芳醫院皮膚科主治醫師
　　　林口、臺北長庚紀念醫院皮膚科住院醫師、總醫師

編者叮嚀：

1. 飛針治療藉由針穿刺的物理性破壞促進組織修復再生。

2. 但單純只靠針穿刺外傷的破壞力不甚強烈，通常會增加其他刺激來做輔助，例如電波。

3. 飛針治療也可用於增加其他藥品的吸收效果，作為輔助藥品導入的方式。

4. 施打能量過高造成皮膚溫度破壞會出現點狀出血及疤痕或燙傷。

音波拉皮

近年來皮膚緊實等「逆齡治療」已成為主流。在非手術的治療中，除了電波拉皮之外就屬音波拉皮最為風行。因為各項治療各有千秋，因此通常會設計分次接受多重治療，其中也包括微整注射等。

一、何謂音波拉皮：

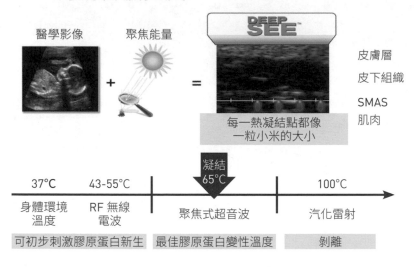

■ 圖 1 　突破性技術，聚焦超音波技術（HIFU）。

（新加坡商莫氏亞太有限公司提供）

音波拉皮是利用把超音波聚焦的技術，以非侵入性的方式，治療筋膜層（SMAS），以達到拉提的效果，其治療的熱效應，可為肌膚帶來雙重效應。

二、適應症

皮膚鬆弛、拉提、溶脂。

三、治療的方法原理與種類

第一重是皮膚膠原蛋白及 SMAS 的立即性收縮，因此在施打後立刻可看到部分的效果。第二重是組織受熱作用後，膠原蛋白長期的新生重組。一般而言膠原蛋白會在體溫加熱到 55 度時，結構並沒有太大的變化，但 55 度以上只要小幅的給予熱量就會開始產生變化，而且溫度越高變化越

■ 圖2　作用機轉：膠原蛋白新生機制。（新加坡商莫氏亞太有限公司提供）

大，當溫度超過 60 度以上時，結構便會明顯的改變。而音波拉皮的擊發點，根據研究資料可達 60~70 度，因此能有效的讓膠原蛋白變性。一般而言，在治療後 6 個月都會有持續性的效果。

音波拉皮的治療探頭，依深度可分 1.5mm、3mm 及 4.5mm，治療的部位包括臉部、頸部、下巴、眉毛等。也有一些廠商設計出 2mm、6mm、9mm 以適應各種不同的膚質，更有一些新設計把治療點放大，加大能量，用來溶解脂肪，譬如：蝴蝶袖、大腿內側、下巴、臉頰等，都有一定的效果。一般而言，高頻率、短波長的探頭，有較高的吸收率，加熱較快，但穿透組織深度較淺，而低頻率、長波長的

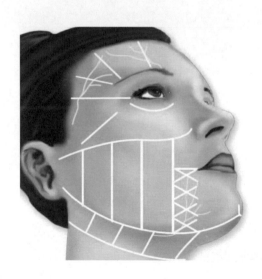

■ 圖3　治療區域標示。（新加坡商莫氏亞太有限公司提供）

探頭，則吸收率較低，加熱較慢，組織穿透深度較深。

　　音波拉皮的治療會有些許的疼痛感，在治療前會塗抹表面麻醉藥劑，或者配合口服止痛藥。有時治療者會在臉上畫出治療區域，以及該避免治療的地方，譬如表淺的臉部神經分佈處，以免神經受到傷害，治療時儘量不會同方向、小區域一直重覆治療，會以多方向進行，以求皮膚均勻受熱。特定重點部分，也會增加治療條數，已達到更佳的收緊效果。

四、常見問題 Q & A

1. 音波拉皮的副作用？

　　副作用方面，包括：疼痛、淤血、皮膚潰爛、水泡及神經傷害，其中淤血主要是打中血管造成的出血，一般而言並不會太嚴重，幾天之後就會回復。皮膚潰爛有時是因為打得太淺，太靠近皮膚的表面，或者接受治療的部位曾經接受過矽膠的注射治療，散熱不易，造成熱量累積，於是形成潰爛。神經傷害方面，由於音波拉皮的溫度可達 60~70 度，如果這樣的溫度剛好直接打到神經時，是有機會破壞神經細胞的，所幸一般治療深度較淺，即使神經受到局部損傷也都是末端神經，會自動恢復，而且有經驗的操作者都會避開重要神經，如下頜邊緣神經（marginal mandibular n.）及框上神經（supraorbital n.）等部位，影響不大。

2. 治療後有哪些副作用？

　　治療術後，一般只有局部的紅腫變化或刺痛感，這些都是暫時性的反應。

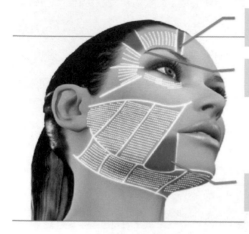

Supraorbital nerve
眶上神經

Temple branch
神經顳分支

Marginal mandibular nerve
下頷邊緣神經

■ 圖 4　須避開，勿治療區域。（新加坡商莫氏亞太有限公司提供）

3. 音波治療應該注意的事項？

- 治療前不適合塗抹含有 A 酸的藥膏。
- 治療前一周不適合執行其他有傷口的雷射治療。
- 有皮膚炎或蟹足腫體質的人，不適合接受治療。
- 有接受過填充物治療的部位，請提前告知醫師。
- 有免疫系統疾病的患者亦應提前告知醫師。

結論 · *Conclusions*

音波拉皮由於有非侵入性治療，無傷口、恢復快等優點，推出後頗受好評，對現代忙碌的社會帶來另一種美容新選擇。

 About the Author

許乃仁 ｜ 許乃仁皮膚專科診所院長

資歷：臺灣皮膚科醫學會常務監事
　　　台灣皮膚暨美容外科醫學會理事
　　　高雄榮民總醫院皮膚科主治醫師
　　　永康榮民醫院皮膚科主治醫師
　　　臺灣皮膚科醫學會秘書長

編者叮嚀：

1. 音波拉皮比電波拉皮作用深比較可以達到真正拉皮的效果，但仍無法取代傳統拉皮手術。
2. 與電波拉皮相同，不建議使用靜脈全身麻醉，避免不必要的併發症，如皮膚灼傷。
3. 音波儀器種類很多，但臨床的效果取決於患者、能量及治療的次數。
4. 淺層探頭對於色素斑文獻報告有療效，確切效果仍需進一步觀察。
5. 深層探頭對身體皮膚緊實有效，對溶脂療效有限。

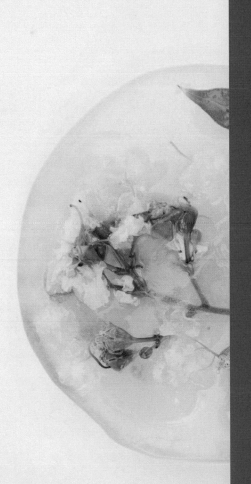

3

CHAPTER

針劑注射
美容

肉毒桿菌素、玻尿酸、舒顏萃、
洢蓮絲、晶亮瓷、自體脂肪移植

肉毒桿菌素

肉毒桿菌素在醫學上發現已經超過百年，最早在 1822 年，在臘腸中發現此種世紀毒素，所以當時稱之為臘腸毒素。但是曾幾何時，此種世紀毒藥已經變成世紀神藥，美國時代周刊還曾經以之為封面報導：如何肉毒桿菌素成為能醫治任何病的藥物（How Botox became the drug that's treating everything）。

一、何謂肉毒桿菌素

肉毒桿菌素屬於神經肌肉阻斷劑，作用在運動神經末梢的神經肌肉連結處，肉毒桿菌素主成分為純化的神經毒素複合體，經由與運動神經末梢的接受器位置結合，進入神經末梢，透過抑制神經突觸訊息傳遞物質乙烯膽鹼（acetylcholine）的釋放，而阻斷神經肌肉的傳導，產生抑制肌肉活動的作用。因此在醫學上衍生多種臨床運用。另外，也可以作用在汗腺，抑制汗液的排出；以及作用在一些自律神經或是感覺神經，可以用於改善偏頭痛或是皰疹後

神經痛。（編按：肉毒桿菌素分為 A、B、C、D、E、F、G 等七種，目前在醫學的運用上，主要是 A、B 兩種，尤其以 A 型肉毒桿菌素運用最為廣泛，包括有許多不同的廠牌。以下的篇章，主要以 A 型肉毒桿菌素來做介紹。）

二、適應症

肉毒桿菌素的臨床運用非常多，以全世界最常使用的 A 型肉毒毒素 Onabotulinumtoxin A（Botox）為例，在臺灣衛福部核准的適應症包括有：斜視、眼瞼痙攣、痙攣性斜頸（頸肌張力不足）、痙攣（幼年型腦性麻痺所致）、原發性腋窩多汗症、皺眉紋、魚尾紋、抬頭紋、成人中風後之手臂痙攣、膀胱失調（膀胱過動症以及因脊髓病變引發的逼尿肌過動）、慢性偏頭痛等，在全世界 75 個國家被核准使用，共有 20 種不同的核准適應症。。

除此之外，肉毒桿菌素在醫學上還有許多的運用，是所謂的適應症外使用：包括有改善皺鼻紋、眉型調整、縮小鼻翼、拉高鼻頭、改善漏齦笑、臉頰皺紋、口周皺紋、以及縮小咬肌（臉型調整瘦臉效果）、下頜緣線條的調整和提拉、口角的拉提、橘皮狀下巴或是下巴皺紋的改善、頸部頸擴肌收縮條索的改善；另外更有所謂的瘦肩、瘦手臂、瘦小腿、改善面部潮紅、手部多汗症、身上多汗症、毛孔縮小、疤痕

的治療和預防等等；這些狀況是所謂的適應症外使用，需要醫師有充分的研究和經驗之下來施行治療。

肉毒桿菌素在醫學上的運用正在不斷的擴充當中，相關的醫學研究及論文報告非常的多，目前已經達到數千篇，並且仍在不斷的增加當中。

三、治療的方法原理與種類

肉毒桿菌素的治療效果的出現快慢，和治療的適應症有關。對於皺紋的治療，通常在 1~3 天即開始出現效果，在 10~14 天達到完全的作用，效果大約可以持續 3~4 個月，但是仍和劑量和體質有關，較小較自然的劑量治療，持續時間可能較短一些，例如 3 個月左右。對於抑制排汗，效果大約也是 3~7 天開始作用，但是效果通常可以持續到 6~9 個月。對於咬肌縮小的治療，因為需要作用一段時間之後，一段時間肌肉都不活動後，肌肉才會逐漸萎縮變小，通常在 2~4 周後開始出現效果，在 2~3 個月時效果達到頂峰，在 4~6 個月逐漸恢復，大約在 3~6 個月可以再次治療。

肉毒桿菌素的禁忌症包括懷孕或哺乳期的婦女，對於白蛋白過敏的患者（因為肉毒桿菌素成分之中含有白蛋白），正在使用氨基糖苷類抗生素（aminoglycoside）治療的患者。

另外，對於皺紋的治療和改善，肉毒桿菌素的注射，只

對因為肌肉過度活動的動態性皺紋有效果，對於靜態性的皺紋效果不彰，所以如果是動態合併靜態性的皺紋，必須要考慮合併治療，例如合併肉毒桿菌素以及玻尿酸注射治療。

有一些醫學報告已經發現，同卵雙胞胎，其中一位定期接受肉毒桿菌素注射治療，另外一位完全沒有治療，持續 10 年後，可以發現持續治療的雙胞胎，會顯得年輕 5~10 歲，而且靜態性的皺紋也比較不容易形成，似乎有預防性的效果。

四、常見問題 Q & A

1. **可能產生的併發症（副作用）？**

- **疼痛：**因為肉毒桿菌素採用非常細的針頭，所以治療只有輕度的疼痛，但是對於一些對疼痛非常敏感的患者，可以採用冰敷或是事先塗抹局部麻醉藥膏，可以大幅減低治療時的不適感。

- **局部瘀青：**瘀青算是比較常見的暫時性術後現象，最常發生在眼周的注射，可以分為針眼的小瘀點或是大片的瘀青區域，小瘀點通常經過幾天後會自然消退，大片的瘀青區域則可能需要 7~14 天。有固定服用抗凝血藥，或是有在服用一些會影響血液凝固的健康食品（例如人參、銀杏），較容易出現這種暫時性的副作用。對於沒有心血管疾病，只是預防

保健性目的來服用這類藥品或是健康食品，建議在治療前一周停用，可以大幅減少瘀青的發生。對於是治療性的需要而服用這類藥品（例如因為心血管疾病需要定期服用抗凝血藥物），建議不需要停用藥物。術後立即壓迫及冰敷可以減少瘀青的發生。

- **血腫：** 發生率非常非常低，只有在小動脈暫時受損時會出現，醫師會注意不會讓這種情況發生。

- **泛紅及水腫：** 所有注射治療都可能有這種情況，通常症狀在數小時內消失。術後的壓迫及冰敷可以減少或縮短泛紅和水腫的時間。

- **頭痛：** 很少數人在上半臉接受肉毒桿菌素注射時會有這樣的現象，和個人體質有很大的關係，詳細原因目前仍不太清楚，但是大多數人不需要治療，症狀會在數天內自然消失。對於較不舒服的患者，可以服用止疼藥來緩解症狀。

- **類似感冒樣的症狀：** 非常少數人會有這樣的現象，和個人體質有很大的關係，詳細原因仍不太清楚，有些患者是和治療劑量有關，在同時治療多個部位的較大劑量時才會出現。大多數症狀輕微，服用藥物及休息即可恢復。

- **感染：** 非常罕見，但是任何穿刺破皮膚的治療都有可能發生感染。當注射區持續數天疼痛、壓痛或是

泛紅，都可能是感染的警訊，需要特別注意。

- **效果不佳**：通常和治療劑量不足，或是沒有精準注射到需要治療的肌肉。

- **表情過於僵硬**：通常和注射劑量有關，經過數周之後會逐漸自然。如果擔心注射後表情過於僵硬，可以和醫師討論調整為較自然的劑量。

- **眉頭沉重感**：額頭抬頭紋的注射，雖然可以減少皺紋，但是有一些人需要靠額頭的額肌的提拉作用，來維持眉毛不會下垂，尤其是一些中老年的患者。所以對於這樣的患者，必須醫師有專業度可以事前評估出來，並且做一些注射劑量的調整來預防。這樣的狀況通常也是數周後會逐漸改善。

- **眉毛下垂**：發生率也是非常非常的低，和上一種副作用類似，只是通常劑量更大就有可能會發生。

- **上眼皮下垂**：此種狀況非常罕見，只有在肉毒桿菌素擴散到提上眼瞼肌時會發生。狀況通常在數週之內會逐漸改善，必要時可以使用一些眼用藥水來幫忙改善症狀。

- **咬肌注射副作用**：即使以咬肌注射這種安全的注射區域，也有可能產生多種潛在的副作用。

- **肉毒桿菌中毒現象**：近兩年來在中國發生多起注射後中毒現象，患者出現全身無力，呼吸困難等現

象，需要做急性支持性治療，或是抗毒素的血清注射治療。調查發現這種情況，導因於注射來路不明的肉毒毒素製劑，標示為 100 單位的局部注射用肉毒毒素，檢測發現劑量可能高達 2000~3000 單位以上，所以導致這種嚴重的副作用。

要避免副作用的發生，首先要選用合法正規的產品，這樣的產品經過嚴格的生產和管控過程，可以確認每一小瓶產品中的劑量是固定且精準的，這樣就不會有像是急性中毒這種因為產品產生的副作用。另外要避免副作用，需要治療醫師對於肌肉等相關解剖有深刻的專業知識，對於肌肉整體的協調性，也要有深度的瞭解，因為許多臉部肌肉是有協同作用，即所謂的協同肌群，也有些肌肉的作用是互相對抗，也就是所謂的拮抗肌群。對於肌肉的走向，和在不同位置的深度也要非常清楚。注射的劑量拿捏準確，注射位置及深度精準，這些都是避免副作用的重要因素，所以找到專業的醫師（例如皮膚美容外科醫師）治療是非常重要的。

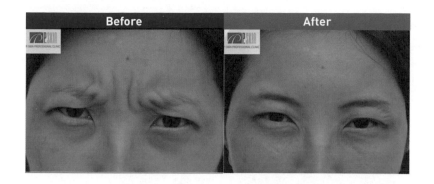

■ 圖 1　皺眉紋治療前 & 治療後

■ 圖 2　魚尾紋治療前 & 治療後

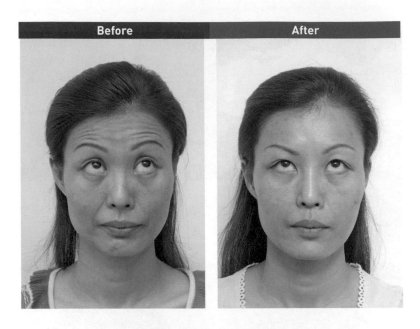

| Before | After |

■ 圖 3　抬頭紋治療前 & 治療後

結論 · *Conclusions*

　　肉毒桿菌素的注射治療，因為效果卓越，是全球最熱門的美容醫學項目。　從臉上的動態紋改善，國字臉，瘦小腿到提拉等等，都可以尋求專業醫師的肉毒桿菌素治療。

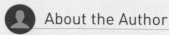

About the Author

彭賢禮 │ 彭賢禮皮膚科診所院長

經歷：中華民國雷射光電學會理事長
　　　臺灣皮膚科醫學會常務理事
　　　台灣皮膚暨美容外科醫學會理事
　　　ISDS & DASIL 理事

編者叮嚀：

1. 肉毒桿菌素仍是目前治療臉部動態紋的首選。
2. 肉毒桿菌素除皺紋外也可以應用於瘦臉頰、小腿及多汗症等。
3. 肉毒桿菌素對頸部橫紋效果不理想，如果施打不當可能造成吞嚥或呼吸困難。
4. 每個廠牌產品各有優缺點，視醫師使用經驗而定。避免單次過量或過度注射，以避免除了中毒外出現表情僵硬、眼皮眉毛下垂等副作用。

玻尿酸

　　玻尿酸 （Hyaluronic acid）又叫做「透明質酸」。人體內的玻尿酸主要存在於皮膚、結締組織（軟骨、關節等）以及神經中，在不同的部位中玻尿酸扮演不同角色。在皮膚裡面，玻尿酸主要的功能是吸水，以讓皮膚產生足夠的飽滿度、彈性及厚度。

　　目前大家對玻尿酸的認識多半來自於保養品或是美容醫學，但是被用在美容保養方面其實是很後來的事了。玻尿酸最早被使用於眼科的治療，但由於它具有很強的吸水保濕能力、本身不具毒性也不會引起過敏，又會自然被人體分解吸收，所以開始被添加在保養品中，後來更發展出注射於皮膚中的治療。

一、何謂玻尿酸

　　玻尿酸的種類跟製作過程有很大的關係。最早玻尿酸是從雞冠裡面萃取而來的，但由於這種作法不容易大量生產，

現在多半利用合成的方式製造，比以往從雞冠取得的動物來源玻尿酸更安全。

　　玻尿酸剛製造出來的時候，是一個一個的單體，根據不同的製程，製作出來的玻尿酸有不同的大小（也就是所謂不同的「分子量」），之後玻尿酸還必須以「交聯劑」做交聯（cross-linking），以調製成不同硬度、彈性、黏稠度的產品，成品也就是市場上所謂「大分子」或「小分子」的玻尿酸。這部分的製程對於玻尿酸的物理特性及效果有決定性的影響，也往往是各家藥廠的專利及核心技術。

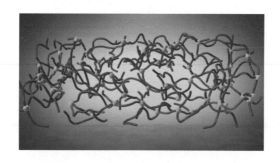

■ 圖 1　不同分子大小的玻尿酸（紫色及粉紅色線條）及交聯劑（藍色圓點）交聯示意圖。（臺灣愛力根藥品股份有限公司提供）

　　然而商品化的玻尿酸針劑並不純粹只含有玻尿酸而已，為了要讓產品穩定，針劑中一定會加入必要但微量的添加物。

二、適應症

　　玻尿酸及類似的產品（如膠原蛋白、矽膠等）當初問世的時候，被稱作「填充物」（filler）。從這個名字就可以知道，一開始它是拿來「填充」的，包括填充細紋、法令紋等等。

　　這的確是非常直覺的想法，既然有凹陷，那當然就要填補。然而隨著我們對「臉部老化」的認知越來越清楚，這個概念也漸漸在改變。玻尿酸的使用已經從單純的填補凹陷，演進到用來恢復年輕時的臉部構造，這使得玻尿酸產生的效果能夠更加自然也更加持久。

　　玻尿酸是一種使用上非常全面性的填充物。目前常用的治療部位大致包含：

- **臉的上半段**：額頭、太陽穴、眼窩凹陷、臥蠶、淚溝等。
- **臉部中半段**：顴骨、蘋果肌、法令紋、鼻子、臉頰凹陷等。
- **臉部下半段**：嘴邊肉、木偶紋、嘴唇、下巴等。
- **皮膚淺層**：淺層細紋、皮膚保水、頸紋等。

利用整體評估，以及上述各部位的綜合治療，玻尿酸治

療可以根據個人需求，成為一種客製化的治療計畫，達到拉提、小臉、年輕化……等各種訴求。

三、治療的方法原理與種類

傳統上會把玻尿酸根據以下特性做分類：

1. 分子的大小

- **大分子玻尿酸**：支撐力較強，適合用於拉提、蘋果肌填充、法令紋、鼻子、下巴等部位。
- **小分子玻尿酸**：較柔軟，適合用於淚溝、淺層靜態紋路、嘴唇等部位。

2. 玻尿酸的型態

- **凝膠式玻尿酸**：玻尿酸呈現類似膠水的型態，比較容易跟組織結合。

■ 圖 2　**凝膠式玻尿酸**（膠原科技公司德瑪芙針劑提供）

- **顆粒式玻尿酸**：玻尿酸呈現顆粒狀，支撐力較強。

■ 圖3　**顆粒式玻尿酸**（膠原科技公司德瑪芙針劑提供）

　　雖然近年來發現玻尿酸的性質跟分子大小、凝膠或顆粒型式未必有絕對的關連，所以開始改從流體力學的性質上去進行分類，不過上述的這種分類方式仍然是對一般消費者比較容易理解的說法。

四、常見問題 Q & A

1. 為什麼玻尿酸可以拉提？

　　下垂是很多人都有的困擾，臉頰垂垂的或嘴邊肉很大塊，看起來就非常顯老。現在有很多非手術的治療方式，而其中一個效果快速、恢復期短的方案，就是利用玻尿酸拉提。

　　在臉上注射填充物能改善法令紋之類的凹陷，這個大家多半可以理解，但是說到用玻尿酸來拉提，很多人就不太能想像。至於為什麼注射玻尿酸可以拉提，就要從「為什麼

會下垂」談起。

「臉下垂」這件事其實比一般人想像得更複雜。老化最終的結果會造成臉上所有東西都往下掉：眼皮垂了、蘋果肌往下掉，臉頰線條不再那麼俐落、嘴邊肉變大塊、以及下巴附近的木偶紋等等。一部分當然可以歸咎於地心引力以及皮膚彈性變差的影響，然而臉部的老化其實是一個複雜的過程，除了表淺的部分會出現黑斑、皺紋、皮膚彈性變差之外，深層的構造也有相當多的變化。

在臉部的皮膚深處存在很多脂肪墊 （fat pad），這些脂肪墊像氣囊一樣，讓一張年輕的臉能看起來圓潤飽滿；再深層一點則是骨骼，年輕的骨骼提供足夠的支撐力，讓臉可

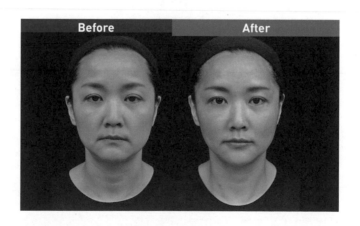

■ 圖 4　黃千耀醫師以玻尿酸進行全臉及全臉年輕化的成果。（臺灣愛力根藥品股份有限公司提供）

以有理想的長寬比例及形狀。

在老化的過程中，脂肪墊裡面的脂肪開始流失、移位，使得原本應該飽滿的地方如太陽穴、蘋果肌、法令紋、跟臉頰凹了下去，而不應該突出的地方比如說嘴邊肉跟眼袋，則變得太過臃腫。不只是脂肪，骨骼其實也會隨著歲月流逝，老化時眼眶骨會變形、顴骨跟下巴也出現後縮，使得原本堅固的骨架走山。

脂肪墊的流失加上骨骼的變形，最終的結果就是臉部下垂及老化的各種跡象，包括淚溝、眼袋、法令紋、木偶紋，嘴邊肉……等等。因此改善下垂的根本之道，就是逆轉脂肪墊的流失並重建骨骼的支撐度。利用不同硬度的玻尿酸，可以分別修補脂肪墊或者骨骼，當臉部的結構恢復到年輕時候的狀態，下垂的狀況自然就改善了。

利用玻尿酸重建年輕時的臉部構造，這就是玻尿酸拉提的基本原理。

2. 玻尿酸治療的過程會很痛嗎？

對於從來沒有接受過美醫治療的消費者而言，要坐上治療床接受注射是很大的心理壓力，如果能先大致了解治療的過程通常會比較安心。

既然是打針，難免會有點疼痛，因此多數的醫療院所會在患者卸妝洗臉後塗抹外用的麻醉藥膏，之後需要等待麻藥

發揮效果，這個過程大約是 30 分鐘左右。

接著就要開始注射。根據不同的治療部位以及醫師的操作習慣，有可能會使用類似一般抽血用的針頭（尖針）或是針體較長但尖端不開鋒的鈍針（cannula）治療。過程中雖然還是會有輕微的痠痛或脹痛，不過通常都還在可以接受的範圍，有些品牌的玻尿酸裡面含有麻藥，可以讓注射過程更加舒適。注射後臉上只有進針所造成的針孔，大部分的針孔在幾個小時內就看不見了，有的醫療院所還會再進行簡單的術後護理。

3. 玻尿酸治療後有恢復期嗎？

不管是哪一種美醫治療，大家都會關心術後有沒有恢復期。玻尿酸注射算是恢復期相對短的治療，最常見的副作用包括注射後暫時性的腫脹，其次就是淤血。不過這些通常在 1 周內就能恢復。

玻尿酸在皮膚裡面呈現略有彈性的觸感，有些人在注射之後暫時會摸得到皮膚裡面有個帶彈性的小球，這在 1、2 周內會逐漸與皮膚組織融合而不再那麼明顯。然而如果操作技術不當，的確有可能出現肉眼可見的不規則結塊，在眼睛周圍等皮膚比較薄的區域甚至會因為玻尿酸本身物理特性的關係，讓局部的皮膚透出淡藍色的色澤，所謂的「廷德爾效應」（Tyndall effect）。早些年有不少人在接受玻尿酸治

療淚溝以後，眼睛下方出現所謂的「毛毛蟲」，就是以上這兩個原因造成的。

由於玻尿酸本身並不會引起過敏，因此在注射後發生過敏症狀的機會非常低，少數幾個發生的個案，比較可能是由於針劑中的其他成分（如交聯劑及其他添加物）所引起。

雖說對玻尿酸過敏的個案很少見，但是卻有一部份的人對玻尿酸有特殊的免疫反應，門診偶爾可以看到有患者在感冒或身體狀況不好的時候，之前注射玻尿酸的部位會腫起來。

血管受損是注射玻尿酸後最嚴重的併發症。臉部有許多的血管去供應皮膚需要的養分，這些血管有粗有細、有深有淺，雖然血管的分布有大致的方向可依循，但人體畢竟不是同一個模子印出來的東西，每個人的血管走向還是略有不同，因此即使醫師再注意，仍然有一定的機率會傷到血管，一旦血管受傷造成血流阻塞，輕則造成皮膚潰爛、重則引起失明。而血管的損傷又分成以下兩種：

● **血管內注射：**在注射針劑的時候，針頭有可能會刺進比較粗的血管裡面，此時醫師如果沒有及時發現卻繼續注射，填充物就會把血管塞住，甚至會沿著血流跑到身體的其他部位。

假如只是局部血管阻塞，首先會有劇烈疼痛、皮膚變色的狀況發生，接著幾天內會開始出現膿皰、潰爛等變化，最後往往留下色素沉澱甚至是疤痕。

在最糟的狀況下，注射的填充物會被血流帶到身體其他部位，其中醫師最擔心的，就是填充物沿著血管跑到眼睛裡的血管，這就會造成視力受損甚至失明。

● **血管壓迫：**在皮膚太過緊實的部位注射過多的玻尿酸會擠壓血管，影響血液循環、進而使得血流阻塞（有點類似我們用手把水管捏住的感覺，雖然水管裡面沒有塞住，但是水卻過不去了）。

相對起血管內注射，血管壓迫的嚴重度比較低，有可能會到數小時後才慢慢出現疼痛或皮膚變色的狀況，但是若沒有及時處理，還是很可能留下疤痕。

如何避免嚴重併發症發生就是醫師必須不斷精進的重

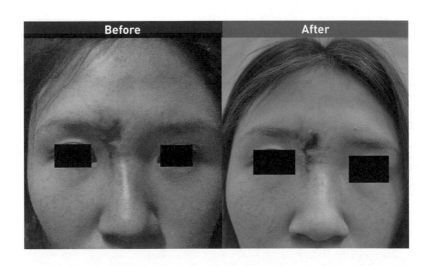

■ 圖5　玻尿酸注射後造成的皮膚潰爛及疤痕。（黃千耀醫師拍攝）

點之一。醫師首先必須對臉部的血管神經等位置必須非常熟稔，其次運用正確的注射技巧，必要時再配合特殊的針具，就能有效降低嚴重併發症發生的機會。

對患者而言，在治療過程中如果出現劇烈疼痛或視力模糊，必須立刻向注射醫師反映；術後在家中一旦皮膚出現過度腫脹、變色（變紅、泛白、大片瘀青）、膿皰或傷口，都建議迅速與原來治療的醫療院所聯繫，才能即時接受治療。

4. 打玻尿酸以後臉會不會僵硬？

不會。不時有媒體捕捉到公眾人物接受美容治療之後，臉看起來僵硬或比例怪異的影像，這也是消費者在接受治療前一定有的顧慮，畢竟沒有人希望在治療之後看起來不自然。的確有不少治療（包括手術及非手術的方式）會造成臉部僵硬表情不自然，然而玻尿酸卻不是造成表情僵硬的原因。

臉部僵硬的常見原因包括神經受損、過度拉緊、過度肌肉放鬆。正常狀況下，玻尿酸在治療過程中並不會損害神經，只有在極少數的狀況下，注射的針頭刺激到臉部神經才有可能產生暫時的不適；此外雖然玻尿酸可以達到拉提的效果，但是這拉提的效果是以恢復臉部結構的原理來達到，而非直接把臉皮拉緊，所以也不會有過度緊繃的問題；最後玻尿酸也不具有像肉毒桿菌素那樣直接放鬆肌肉的效果，因此

也不會讓臉部表情不自然。

5. 如果以後沒有繼續注射玻尿酸，臉會更鬆嗎？

不會。在臉上注射針劑，感覺起來就像吹氣球一樣，氣吹飽的時候很飽滿，但氣球總是有洩氣的一天，這時候看起來應該會更鬆弛吧？

這的確是一個滿具體的考量，不過其實玻尿酸造成的飽滿度並不像吹氣球那麼離譜，畢竟沒有人會想把自己的臉注射成氣球那樣圓滾滾的，此外皮膚的組織本身就有一定的彈性，即使有暫時的拉撐，之後也都能恢復。雖然臉不會因為注射玻尿酸而越來越鬆弛，但是很多消費者確實也發現，隨著年紀增長，每年要接受玻尿酸治療的劑量越來越多。

其實這本來就是正常的現象，畢竟我們沒辦法停止生理老化的步伐，不管有沒有接受治療，各種紋路、鬆弛、下垂的問題必定是一年比一年嚴重，所以每年所需要治療的劑量也當然越來越多了。

接受美醫治療有一個重要的概念，也就是我們不可能真的「逆齡」。現代醫學可以減緩老化讓歲月的痕跡不那麼明顯、或是在外觀上「暫時」看起來比較年輕，但是「生理老化」卻是無可避免的步伐。

就追求美麗的角度而言，也不該是一種治療從年輕做到老，而是必須根據不同時期的狀態，設計不同的治療計畫。

6. 市面上有那麼多填充物，玻尿酸的優點是什麼？

如果就醫療上的考量，玻尿酸最大的好處是有「解藥」。玻尿酸可以利用「降解酶」來加速分解，萬一注射之後出現血管阻塞等併發症、或是對結果不滿意，可以注射降解酶把玻尿酸「溶掉」，這是其他填充物沒有的優勢。

7. 誰不適合注射玻尿酸？

每家廠商生產的玻尿酸有不同的禁忌症，但統整起來主要有以下幾種：

- 對玻尿酸過敏的人。
- 對玻尿酸針劑內其他成分過敏的人：主要是麻藥利多卡因（Lidocaine）。
- 肥厚性疤痕患者。
- 孕婦、哺乳中婦女、及孩童。
- 注射區及附近有皮膚發炎或感染（如青春痘或皰疹）。

這些禁忌症中，有些確實是醫療上的考量，有些單純則是醫療法規的要求，但總之消費者如果剛好符合以上狀況，在接受治療前務必主動向醫師提出，並討論是否要接受注射。

結論 · *Conclusions*

　　精準的注射技巧、配合正確的解剖學知識，玻尿酸除了可以撫平紋路，更能讓臉部全面而自然地拉提。玻尿酸的持久時間因製程及廠商而異，一般至少可以維持半年以上，一些長效型的玻尿酸在注射後更可以保持將近兩年有效。

　　對一般消費者來說，玻尿酸最大的好處應該在於效果立即而且精準。玻尿酸在注射後只會有微量的體積變化，在技術正確的狀況下也不太會移位，此外不必像膠原蛋白增生劑那樣需要時間去發揮效果。所以對於想馬上看到改變的消費者來說，玻尿酸是很適合的選擇。

　　然而所有的填充物終歸都只是一種工具，工具本身沒有高低優劣，端看使用工具的人怎麼用，專業的醫師每年都需要接受許多的繼續教育訓練，就是為了讓自己有足夠的能力去駕馭這些工具，因此患者未必需要執著於某項「朋友上次打了很漂亮」或「最近網路上很紅」的產品，而是可以試著聽醫師怎麼建議、又為什麼做這樣的建議，如此才能得到最適合自己的治療。

About the Author

黃千耀 │ 雅文皮膚科診所院長
黃禎憲皮膚科診所執行長
國立陽明大學醫學系兼任講師

學歷：臺北醫學大學醫學系畢業
　　　美國耶魯大學紐黑文醫院皮膚科訪問學者
經歷：萬芳醫學中心皮膚科暨雷射美容中心主治醫師
　　　臺北榮民總醫院皮膚部主治醫師
　　　臺北醫學大學附設醫院外科部住院醫師

編者叮嚀：

1. 玻尿酸是人體組織常見的成分，主要的功能是可吸附水分而讓皮膚有更多彈性及支撐力；加上不易過敏及能被分解的特性，玻尿酸在近年已成為最常用的注射品項之一。

2. 玻尿酸注射基本上相當安全，但仍必須避免施打過量，以免壓迫血管或血管內注射，造成皮膚壞死、失明等。

3. 接受注射時若有強烈不適感請務必當下馬上與醫師反映，以利儘速評估是否需要或適合使用降解酶。

4. 有少數病人在施打後幾周甚至一年以上會產生遲緩性過敏反應；施打部位皮膚反覆紅腫或產生腫塊，一旦出現必須及早就醫治療可完全復原。

5. 各廠牌玻尿酸的濃度配方不盡相同，施打部位及適應症也不同。術前必須與醫師充分溝通。

舒顏萃

　　舒顏萃（聚左旋乳酸／Sculptra），相較於已經大家耳熟能詳的玻尿酸，也許有些人對它的認識不多，但如果搬出大眾賦予它的小名「童顏針」，你可能就恍然大悟了。

一、何謂舒顏萃

　　舒顏萃（聚左旋乳酸）的英文學名叫做 poly-L-lactic acid，是一種民國 99 年由衛福部核准上市的膠原蛋白增生劑。其治療目的在於藉由產品本身的成分刺激皮膚形成新生

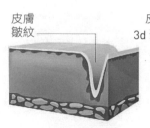
■ 皺紋治療前

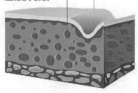
■ 皺紋治療中

■ 皺紋治療後

的膠原蛋白，進而改善臉部的凹陷、皺紋等流失問題。

二、適應症

　　目的在於藉由產品本身的成分刺激皮膚形成新生的膠原蛋白，進而改善臉部的凹陷、皺紋等流失問題。包括：額頭、太陽穴凹陷、眼尾下垂、眼眶下方塌陷、淚溝、臉頰凹陷及下垂、法令紋、木偶紋、頸部紋路、雞爪手、胸口紋路等等。

　　上下眼皮及嘴唇則因為屬於肌肉高度活動部位而不適合施打（禁忌部位），以避免產品不當聚積，形成結節。

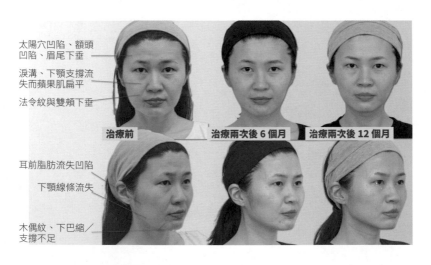

太陽穴凹陷、額頭
凹陷、眉尾下垂

淚溝、下顎支撐流
失而蘋果肌扁平

法令紋與雙頰下垂

治療前　治療兩次後 6 個月　治療兩次後 12 個月

耳前脂肪流失凹陷

下顎線條流失

木偶紋、下巴縮/
支撐不足

■ 圖1

三、治療的方法原理與種類

目前市面上只有一種聚左旋乳酸，但應用上可能依照不同部位做不同的針劑配置及注射方式深淺度等，建議此部分應在治療前與您的皮膚美容外科醫師多做溝通、了解。

四、常見問題 Q & A

1. 為什麼它可以刺激膠原蛋白新生？

聚左旋乳酸在使用於美容醫學的用途之前，在醫學界被使用已有數十年的時間了。這個成分當時最常見的用途是可吸收的縫線，後來被皮膚科醫師發現這個可吸收的縫線周圍的皮下組織有了新生的膠原蛋白，因此後來便逐漸被研發成用於刺激膠原蛋白新生所使用的針劑產品。其背後的道理，就是透過產品本身大小適中的顆粒（40~63微米），在無法短時間被皮膚內的吞噬細胞吞噬分解的情形之下，逐漸刺激膠原母細胞進行進一步的修復作用，製造膠原蛋白，直到產品被分解完畢這個刺激作用才會停止。

2. 這樣的產品會在皮膚殘留不去嗎？

刺激膠原蛋白新生的成分最大的特色之一，就是生物的相容性及生物可吸收性；這樣的成分通常不需要經過過敏測

試並且可以完全被分解。聚左旋乳酸從經由注射進入皮下組織至安全被分解，大約是 9 個月左右的時間；分解是經由吸收水分而逐漸水解，最後變成二氧化碳和水而排出。

3. 它和玻尿酸有什麼不同？

■ 聚左旋乳酸與玻尿酸製劑的比較

	聚左旋乳酸	玻尿酸產品
分子大小	40-63 微米	至少 200 微米
屬性	為刺激新生產品，而非填充產品。	填充劑
注射前泡製	須於注射前至少泡製兩小時。	不需要
作用機轉	注射植入皮下後，被組織包覆，經由溫和的免疫反應，刺激膠原蛋白新生。產品本身則經由水解反應被分解為二氧化碳和水而排出體外。	注射植入皮下後，經由玻尿酸產品本身的體積改善凹陷紋路等問題，隨著時間玻尿酸逐漸被分解為較小分子，直到完成分解。
術後照顧	術後連續 5 天，每天 5 次，每次 5 分鐘。	照顧注射後針即可。
治療次數	至少 2-3 次，相隔 4-6 周。	大多一次，隔一段時間再做局部修飾。

	聚左旋乳酸	玻尿酸產品
膠原蛋白新生	第一型膠原蛋白。	無
維持時效	治療後第 25 個月效果依然良好。	數月至 2 年不等。
可使用部位	上下眼皮、眼周細紋、嘴唇不可施打。	不同部位、不同深淺選用分子大小不同的產品。

在過去只有玻尿酸的年代，填充物的注射形式大多是針對欲治療的區域直接填補或填充，例如，把紋路填平、把下巴填出至想要的形狀。不過因為聚左旋乳酸注射最重視治療「因老化流失而的構造」，由新生的膠原蛋白來「取代」這些已經流失體積，因此治療思維需要做修正。

若法令紋是因為法令紋底層深處的骨架支撐不足所構成，那麼需要治療的是骨架的位置而不是直接把紋路填補起來。若法令紋是因為它上方的蘋果肌下滑所造成，則是因為蘋果肌底層的骨架和深層脂肪有了流失，這是要注射的便是這個區域，也不是把法令紋填一填就好；如果法令紋是跟上述兩個因素有關，那就兩個區塊一起治療，一樣不會只是把法令紋填起來！透過這種「解決流失」的形式來改善老化問題，和過去的治療形式比起來，結果漸進、自然並且持久。

相對於玻尿酸，不同的部位、深淺需要選擇分子大小不同的產品；但對於膠原蛋白增生劑來說，對於不同的部位、深淺，只有醫生需要在注射的技巧上做調整，並不需要選擇分子大小不同的產品，因為在這項治療當中，最關鍵的是「長出來的膠原蛋白」，而不是產品本身的體積。這也就是為什麼，要回答「一瓶聚左旋乳酸是等同幾 CC 的玻尿酸」其實並不是一件容易的事。

4. 膠原蛋白新生要多久才能見到效果？一次就見效嗎？可以維持多久？

由於人體製造出成熟的膠原蛋白需要數個月的時間，因此對於有近期需求的民眾，並不適合選擇這項治療，以免因此而失望。然而因為最後的效果是由自己新生的膠原蛋白所呈現出的結果，這與玻尿酸所填充出來的形式不同，所以其效果相對在維持的時間上也比玻尿酸持久許多，在研究中顯示，在治療後第 25 個月，還有九成以上的人效果依然良好。

至於治療的次數，每個人不盡相同，一方面需要考量到因年齡而導致的流失程度不同以及每個人先天的條件亦不同（骨架好的人不容易下垂，東方人比西方人不容長皺紋），一方面也要評估個人的治療目標（有些人想要改善的問題比較多，有些人只想改善特定一兩個問題就好）。大

致上來說，平均治療次數大約落在 3 至 4 次，中間間隔 4 至 6 周。

很多人會問，為什麼要間隔 4 至 6 周，不能一次打？一方面是因為臉部單位面積分配的產品量如果太多，容易增加結節的發生率；另一方面，前一次施打後 4 至 6 周，產品也會跟組織有了初步的作用形成基本的架構，下一次施打的產品堆疊其上，可以達到層層疊加的效果，這種一層一層往上蓋的概念，能使產品發揮較大的效益！

5. 哪裡想要長膠原蛋白，就可以打哪裡嗎？可以改善哪些問題？

隨著近年對老化的認知逐漸增加，我們已知在人臉的老化過程中，骨架約莫在 25 到 30 歲之間開始進入流失的過程，而附著在骨架上面、名為「深層脂肪」的構造也會在 30 幾歲的時候開始進入流失。這兩種構造的流失是造成我們在老化時看到的下垂與皺折的構造主因。而皮膚的真皮層及皮下脂肪（亦即「淺層脂肪」）是大部分雷射光療、電波音波等儀器的治療深度，卻是我們在老化中相對流失較少的構造。

因此，當我們老化進行到了一定的程度，非侵入性的儀器無法解決這些問題時，在不動刀的選擇中，透過玻尿酸注射的體積、或是膠原蛋白增生劑的體積新生，來治療我們因

為在骨架以及深成脂肪的流失所造成的下垂、皺折、臉型改變等老化症狀，就成了很重要的治療模式！事實上，拉皮手術已被證實無法解決體積流失的問題，與體積流失相關的老化症狀最理想的解決方式當然就是把體積加回去，例如法令紋、淚溝、木偶紋……等。

6. 這樣的產品安全嗎？生長會不會失控？會不會很難照顧？

大致上來說，聚左旋乳酸是屬於安全性極高的產品，注射前亦不需先做過敏測試，唯獨不可使用於有蟹足腫病史的人，而注射部位若有感染發炎或正在懷孕中的婦女，也建議暫緩。

至於注射後的照顧，除了前幾天注射部位會有輕微水腫、也可能伴隨瘀青出現之外，自己也需要遵照醫師指示，在注射部位進行按摩，連續 5 天，每天 5 次，一次 5 分鐘。按摩的目的，除了讓注射入皮膚的產品可以更為分布均勻之外，最主要是希望透過這樣的按摩，增加組織局部的血液循環，刺激免疫反應的進行。

在剛注射完的數周至數月內，在注射部位的深處因約摸到一些小顆粒是很有可能的，這些顆粒極可能便是聚左旋乳酸在皮膚中誘發的免疫反應的一部份，而透過這樣的反應刺激膠原蛋白新生本來就是我們希望的過程，這些小顆粒通常是暫時的，並且會自行消失。在少數的情況下，若這

些顆粒出現於皮膚表面形成丘疹，或者雖然出現在皮下，但因體積較大（直徑大於 5mm）而於皮膚表面隆起，就形成的所謂的「結節」。結節的成因主要是因為產品過度聚積而無法在短時間被分解所致，通常不一定需要處理，數個月後亦會自行消失；但結節確實有可能會在外觀上造成困擾，因此若有結節形成，可尋求治療醫師的協助，透過局部注射生理食鹽水或少量類固醇搭配按摩促進分解，僅有在極少數進步速度緩慢的情形下，才需透過手術取出，縮短結節存在的時間。另外，在很罕見的情形之下，有些人會因為免疫狀態改變（如洗牙後的細菌感染、感冒、泌尿道感染等），在注射過的部位一起出現短暫腫痛的情形，真的遇到這樣情況，可以透過醫師開立的口服藥物得到緩解。但大抵來說，聚左旋乳酸本來就是隨著時間可以完全分解的材質，這些少見的不良反應都會隨著產品分解而消失，當然就更不需過於擔心會有所謂「膠原蛋白生長失控」而長不停的情況出現！

結論 · *Conclusions*

　　總而言之，聚左旋乳酸是一種大略安全、具生物可吸收性、生物相容性，效果又具持久性的膠原蛋白增生劑，透過新生的膠原蛋白，可以增加皮膚的厚度、皮下脂肪的飽滿度、增加骨架支撐，進而改善臉部甚至身體數個部位的皮膚老化症狀。在醫師巧妙的運用之下，可以化繁為簡，運用單一產品解決廣大層面的老化問題，也可以和其他注射產品或儀器妥善搭配，更增添療程的彈性，大家若想要透過膠原蛋白新生解決自己的流失問題，可以在看診的時候和您的皮膚美容外科醫師詳細溝通，才能夠將自己的需求化為最有效益的治療模式！

 About the Author

林上立 ｜ 上立皮膚科診所院長

資歷：國立陽明大學醫學系畢業
中華民國皮膚科醫學會專科醫師
臺北榮民總醫院醫師
臺北市立聯合醫院皮膚科醫師
上立皮膚科診所院長
國際期刊 Trichology and Cosmetology 編輯委員
國際期刊 Journal of Cosmetic Dermatology 審查委員
國際期刊 Aesthetic Surgery Journal 審查委員
國際期刊 Dermatologic Surgery 審查委員
洢蓮絲 Ellansé 原廠全球醫療顧問團委員
塑立愛立掛線 Silhouette InstaLift 原廠全球醫療顧問團委員
舒顏萃 Sculptra 教育訓練講師
賽諾秀 Cynosure 雷射, 莫氏亞太 Merz 及 科醫人 Lumenis 雷射全球教育訓練講師

編者叮嚀：

1. 施打技術門檻較高，醫師經驗相當重要。需慎選醫師。
2. 施打不當易產生皮膚腫塊。

洢蓮絲

洢蓮絲（Ellansé）所謂膠原蛋白增生劑，顧名思義，就是將這些產品經由注射帶到皮膚組織中之後，其中的成分能夠刺激組織膠原蛋白的新生。因此，最後我們見到的治療效果，是來自於這些在組織中新生的膠原蛋白，而非透過我們打進去的產品本身所填充出來。這個治療機轉與以往的玻尿酸、動物萃取的膠原蛋白等填充劑有很大的差異，進而在治療成效上，我們所觀察到的自然度、維持時間，甚至對於求診者長期的抗老治療計劃，都會因此提升至另一個層面。

一、何謂洢蓮絲

Ellansé 是一個由英國 Sinclair 大藥廠出產的注射用膠原蛋白增生劑，它是由荷蘭科學家 Henk Super 及他的團隊所研發出來。這位科學家除了姓氏很特別之外，很少人知道，他也是臺灣女婿呢！2009 年這個產品正式在歐盟核可上市，2015 年由臺灣衛福部食藥署核准上市。它在臺灣的中文的產品註冊名為「洢蓮絲」，其中最主要的作用成分

叫做「聚己內酯」（Polycaprolactone，簡稱 PCL）。如果這些名字聽起來都有點陌生，那如果提到它的響亮別名「少女針」，大家也許就覺得非常熟悉了。目前在臺灣核可上市的兩種注射用膠原蛋白增生劑，一個是俗稱「童顏針」的聚左旋乳酸（舒顏萃／Sculptra），另一個就是俗稱「少女針」的聚己內酯（洢蓮絲／Ellansé）了。這兩個有著不同俗稱的產品，並不是告訴大家「童顏針打了會變童顏，少女針打了會變少女」，而是因為它們的學名有點拗口，有了俗稱方便大家溝通記憶罷了，最重要還是它們在臨床上的實際運用。

成分，決定了產品的使用方式與臨床運用。有別於需要事先泡製成溶液才能注射的聚左旋乳酸，Ellansé 是一種凝膠狀的膠原蛋白增生劑，拆封即可立即使用。主要是因為它每一 CC 的包裝中，70% 的成分是 CMC（carboxymethylcellulose，甲基纖維素）凝膠，扮演著載體的角色，也就是把另外 30% 的聚己內酯（PCL）晶球均勻懸在這 70% 的凝膠中，然後經由注射，也均勻攜帶至治療部位。

這兩種主要成分在醫學界的運用都已有數十年的歷史。CMC 經常被用來當作敷料使用，本身也被單獨用做可分解的皮下填充劑，更經常用於眼藥水或口服藥物中，做為控制藥物釋放速度的調節成分，所以在 Ellansé 中才會被用做

PCL 的載體。更重要的是，它也是 Ellansé 在注射後會有立即性改善的主要原因，因為它在我們自己的膠原蛋白尚未製造前，提供了立即性的支撐與矯正的作用。

PCL 則是該產品用來刺激膠原蛋白新生的成分。在這個產品中，PCL 被合成為長鏈狀的聚合物，然後包覆在 25 ～ 50 微米大小的晶球中，最後這些晶球則均勻懸浮在 CMC 凝膠中。PCL 長鏈一邊刺激膠原蛋白新生，一邊慢慢地在人體組織中被水解成二氧化碳和水被完全排出，而 PCL 在完全被分解後便失去刺激新生的作用，留下這些時間在組織中新生的膠原蛋白，維持長期的效果。兩種產品的主要成分最後都會在組織中完全被分解，這種「生物可降解性」，正是這個產品的重要特性，也是膠原蛋白增生劑的重要精神。

二、適應症

大致上來說，可以利用膠原蛋白新生之後的體積來改善的老化問題，都屬於適合使用的範圍。臉部、頸部甚至手和身體的所有老化症狀，其形成的主因都是隨著年齡而產生的流失，這些流失可以發生在相對較淺的真皮、深一點的皮下組織，以及更深層的骨架。簡單說，隨著年齡增長，皮膚會變薄，皮下脂肪會萎縮，骨架的形狀也會跟著變小並且與年輕時的形狀不盡相同，這一切的綜合呈現就是我們所看到的

凹陷、紋路、皺折及下垂。也因此，當我們利用膠原蛋白新生所產生的體積，使這些有流失的構造得以重新得到支撐，就可以達到改善老化症狀的效果。

應用在臉部，可以改善額頭的紋路飽滿度、太陽穴的凹陷、增加鼻子的立體度、眉尾及眼尾的下垂、眼睛下方的淚溝眼袋、隨著年齡下滑變平的蘋果肌、雙頰凹陷、嘴邊組織的下垂、嘴唇四周的紋路、下巴上的皺紋及下巴內縮、下顎線條模糊以及因為組織下垂而形成的雙下巴。應用在頸部，則可以改善頸部的皺紋以及緊實度；應用在手部，則可以改善因組織流失凹陷所形成的雞爪手。

三、治療的方法原理與種類

Ellansé 有大小分子、不同劑型之分嗎？很多接受過玻尿酸注射的人都知道，玻尿酸有分子大小的區別，大分子的支撐性佳，也維持較久，使用在比較深層的構造；小分子的柔軟度佳，則使用在比較表淺的組織。那 Ellansé 呢？也是這樣嗎？並不是喔！

就像前面提到的，它的產品中，每個 PCL 晶球大小都介於 25 至 50 毫米之間，這個尺寸，可能只有最小分子玻尿酸的 1/100 而已，而且我們最主要是利用這個產品刺激膠原蛋白新生的特性來達到治療的效果，並非靠產品本身的體積

來呈現治療的成效，注射在軟組織中可以利用新生的膠原蛋白增加皮膚的厚度、飽滿度及彈性，注射在骨架表面，新生的膠原蛋白則會強化骨架的支撐，增加五官的立體度或改善臉部因老化流失所產生的組織下垂。所以不論注射哪一個部位、不論深淺，使用上皆無分子大小的區別。

然後，這個產品確實有不同劑型的區別。在全球市場，它有 S、M、L、E 等四種劑型，很有趣的是，每一種劑型中，30% 與 70% 的比例依然不變，每個晶球大小尺寸也完全一樣，那到底不一樣的是什麼？不一樣的，是每個晶球中所包覆 PCL 鏈的長短！也就是說，長一點的 PCL 可以有較長的刺激膠原蛋白新生的時間，短一點則刺激膠原蛋白新生的時間也比較短。因此，S 劑量的 PCL 在 12 個月會被水解完畢，失去刺激膠原蛋白新生的能力，M 則為 24 個月，L 為 36 個月，E 是 48 個月。臺灣至 2019 年為止，經由衛福部通過上市的為 S 及 M 兩種劑型。

四、常見問題 Q & A

1. Ellansé 什麼部位都可以治療？

當然沒有一個產品是什麼部位都可以施打的。基本上，上下眼皮、嘴唇是不適合用這個產品來治療的，皺心的注射也常被列為不建議的部位。上下眼皮和嘴唇都是肌肉每天高

頻率收縮及運動的部位，注射在這個區域會使產品因為肌肉的高頻率收縮而形成不均勻或結節。眉心的注射雖然沒有這個問題，但眉心有重要的血管分布，若沒有高度熟練的注射技巧而不慎將注射入血管造成阻塞，很有可能會因此而造成注射部位周邊皮膚壞死，甚至因為眼睛血管栓塞和失明。

2. 是不是大家都可以使用 Ellansé？

沒有一個產品是所有的部位都可以使用的，一樣的道理，對於有下列情況的族群，也不適合使用這個產品。這些族群包括：蟹足腫（並不是身上有很明顯的疤痕就叫做蟹足腫，有些人只是疤痕肥厚，所以在就診時應該請醫師先確認過）、注射部位正在發炎或感染、正在懷孕的人（怕緊張或疼痛影響宮縮，所以生產完再來變美麗也不遲）以及有嚴重自體免疫疾病的人（因為無法預測在這些族群身上，刺激膠原新生的反應是否會和一般人相同）。

3. Ellansé 的效果維持的時間是 1 年及 2 年嗎？

很多人心中難免會問，既然臺灣現在上市是 S 和 M 兩種劑型，而且是 1 年跟 2 年就被分解完畢，那麼是不是 1 年或 2 年之後效果就沒有了？如果你也這麼認為，你可能忽略了一個關鍵的細節：在所有的 PCL 被水解完畢之後，終止的只是刺激膠原蛋白新生的能力，然而，這個產品最大的精

神就是刺激膠原蛋白的新生，所以在產品的成分完全被分解之後，組織中在這段時間新生出來的膠原蛋白飲不會因此而終止、消失！在這 12 或 24 個月新生的膠原蛋白還會存在於治療部位中好一段時間。其實，會先流失的，是我們自己的組織中隨著年齡流失的一些骨架支撐及脂肪，然後這些流失最後抵銷掉了這些新生膠原蛋白本身的體積，我們才會陸續見到原來治療過的部位，其效果逐漸消失。在臨床的觀察上，使用 S 劑型治療的部位，其效果要 2 年左右才開始下降，完全看不到消果也要 3~5 年；M 則在 3 年左右開始下降，要完全看不到效果則要更久。

4. 選擇維持越久的就越好嗎？

其實不論產品本身是 12 個月或 24 個月被分解完畢，膠原蛋白增生劑本身維持的時間所產生的經濟效益已遠遠的高於市面上的其他產品。也就是說，因為效果下降緩慢、維持較久、不用短時間內重覆施打，平均每一年所要付出的費用比起其他注射類的品項已經便宜很多，因此不一定選擇 M 就一定比 S 好。相反地，很多時候選擇 S 其實是個比較好的開始。

那到底 S 和 M 的劑型在使用上有什麼區分的原則嗎？一般來說，對於第一次接受 Ellansé 注射的人、年紀比較輕的族群，或者主要是以改善臉部軟組織流失而造成的凹陷、

紋路為主的族群，都比較建議使用 S 劑型；而對於之前已經使用過 S 劑型想再追加治療且希望效果維持得再更久一點的族群、年紀比較大的族群、流失比較嚴重或治療著重在骨架支撐注射的人，就比較建議使用 M 的劑型。

5. 治療後需要按摩嗎？還有什麼要注意的？

　　之前接受過聚左旋乳酸注射的人，應該還記得曾經被叮嚀過，注射後接的 5 天每天都要在注射部做按摩；而之前打過玻尿酸的人，應該也記得曾經被叮嚀過，注射完後不要過度揉捏治療的部位、不可以去泡三溫暖和溫泉。那 Ellansé 呢？它在所有注射產品中，算是好照顧的了。注射完的幾分鐘至前 24 小時，注射部位的紅腫是正常的反應，不需要太擔心，搭配加壓及冰敷可以預防瘀青及加速消腫。注射後的 48 小時至數天，已經不再紅腫，而是以輕微的水腫為主，尤其是早上起床的前幾小時。過了 1 周，就近入相對穩定的狀態了。

　　注射完不需要自己在家裡做按摩，也沒有泡三溫暖跟溫泉的禁忌，唯一要注意的，就是過了 24 小時之後，等注射的針孔完全癒合之後再碰水及上妝。也因為產品本身的黏稠度高、不會位移，針孔癒合之後，想要去給人家做臉的就去做臉，想要去搭飛機的就去搭飛機，想要去健身房運動的就去運動，想倒立就倒立……。

6. 注射完多久會看到效果？

之前接受過其他膠原蛋白增生劑注射的人，可能都被告知過，要過幾個月才會逐漸看到效果。在 Ellansé 的治療中，CMC 凝膠在注射完之後就會立即支撐並且改善紋路、凹陷、下垂部位的問題，2 至 3 個月後，凝膠會逐漸被分解而消失，自己的膠原蛋白會逐漸形成，所以視覺上看到的效果並沒有什麼太大的變動，只是皮膚下面的凝膠逐漸悄悄地被自己的膠原蛋白所取代，一般來說在注射完之後的 4 到 6 個月，膠原蛋白的成熟度會到達高峰，所以大部分的人都覺得跟剛注射完的時候相比，效果又比之前更好一些了。

結論 · *Conclusions* ——————

不管之前是否曾經有過錯誤認知或是一知半解，經過以上的說明，希望大家對於 Ellansé 這個膠原蛋白增生劑都有一定程度的了解。不論是治病的藥物，或是美容醫學的儀器及產品，用對了方向，就能發揮它最大的功效；相反地，用錯地方或使用的方法不恰當，再好的藥物、儀器或產品也會成為負擔。因此，熟悉產品的原理及了解正確的使用範疇，讓自己有正確的觀念及認知，才能避免人云亦云，並且找到最適合自己的選擇！

About the Author

林上立 │ 上立皮膚科診所院長

資歷：國立陽明大學醫學系畢業
中華民國皮膚科醫學會專科醫師
臺北榮民總醫院醫師
臺北市立聯合醫院皮膚科醫師
上立皮膚科診所院長
國際期刊 Trichology and Cosmetology 編輯委員
國際期刊 Journal of Cosmetic Dermatology
審查委員
國際期刊 Aesthetic Surgery Journal 審查委員
國際期刊 Dermatologic Surgery 審查委員
洢蓮絲 Ellansé 原廠全球醫療顧問團委員
塑立愛立提線 Silhouette InstaLift 原廠
全球醫療顧問團委員
舒顏萃 Sculptra 教育訓練講師
賽諾秀 Cynosure 雷射，莫氏亞太 Merz 及 科醫人
Lumenis 雷射全球教育訓練講師

編者叮嚀：

1. 與舒顏萃一樣屬於非玻尿酸填充物，注射技術門檻較高。
2. 施打不當易產生皮膚腫塊。

晶亮瓷

　　隨著年紀增長，膠原蛋白逐漸流失，皮膚變為較薄且失去彈性，形成細紋及皺褶，骨骼吸收後退和脂肪墊萎縮造成支撐力減弱甚至大範圍凹陷，再加上韌帶筋膜的退化導致鬆垮下垂。一般市售訴求抗老的保養品，主要大多針對緊緻膚質做改善，較無法針對深層組織凹處進行填補，對於臉部輪廓的改善效果有限，因此「填充劑注射療程」是有效達到重建年輕臉部輪廓的方法之一。填充劑注射不僅速效、免開刀、幾乎無修復期，而且相對安全，顯得特別吸引人，目前在臺灣已獲得衛生福利部核可的皮下填充劑，主要有膠原蛋白、玻尿酸、晶亮瓷、聚左旋乳酸、聚己內酯等等，這些也都是相當熱門的美容醫學治療選項。

一、何謂晶亮瓷

　　晶亮瓷（舊稱為微晶瓷），主要成分羥基磷灰石鈣（Calcium Hydroxy-apatite）微晶球，是存在人體骨骼的天然礦物類化合物，外觀如細微的白色珍珠顆粒，均勻的懸浮

在黏稠狀的膠體中，是一種類似人體組織中「生物軟陶瓷」的填充物。它的主要用途是改善臉部，施打後可刺激自體膠原蛋白新生，補回已流失的膠原蛋白。晶球體會隨著時間緩慢降解，被人體吸收代謝。常於填充組織中層及深層部位，改善大範圍凹陷、皺摺和細紋。晶亮瓷支撐力強、不易位移、具生物相容性，相當適合拿來做輪廓部位的塑型，例如：額頭、眉骨、鼻子、下巴、下顎線等等。

二、適應症

額頭、夫妻宮、蘋果肌、下巴等部位，來改善臉型做全臉拉提或其他需要黏彈力較高、支撐性及可塑性佳且較不易產生位移的治療區域。

三、治療的方法原理與種類

每種注射產品的特性不同，應根據自己的需求術前與醫師詳細溝通，並由醫師作出適當建議，才能獲得最佳效果。

四、常見問題 Q & A

1. 接受晶亮瓷療程有何需要注意的重點？

臉部的老化有許多因素，每個人組織狀況不同，老化的速率和下垂的程度也相異，但最終結果都是分層組織體積的流失，包含骨骼與軟組織的萎縮和韌帶筋膜的鬆弛等等。一旦使用不適當的治療方式，輕則效果不彰，甚至有時還會弄巧成拙產生明顯瑕疵，呈現不自然的外觀。再者，由於現今對於各式皮下填充劑治療的接受度與普及度都大大提高，因此出現不良反應的頻率與嚴重程度也跟著增加，其中最嚴重的就是填充劑誤注血管造成堵塞，其影響的範圍並非僅限於淺層皮膚，可能導致大範圍組織壞死，甚至失明、腦中風。此外也有對局部麻醉藥劑過敏、神經損傷等風險。

　　因此建議首要慎選經驗豐富、對臉部解剖構造熟悉的專科醫師，其次就診的醫療院所，也須注意選擇合法立案且擁有專業完整的醫療團隊。另外一個重要的關鍵就在於施打醫材的「安全性與合法性」，美食品藥物管理局 FDA 對於美容醫學治療產品的審核最為嚴謹，建議民眾在挑選產品時，要注意以全產品通過 FDA 認可及通過多國安全性實證研究的品項為主，才能在進行美醫治療時更放心。目前晶亮瓷已通過美國 FDA、歐盟 CE Mark、以及臺灣衛福部用於臉部塑形適應症的許可，民眾應注意選擇具有詳細中文標示、包裝完整具有辨識特徵的原廠公司貨，在治療上才能有所保障。

2. **術後保養的注意事項**？

- 在治療後的 3~5 天內，注射區域可能出現暫時性的腫脹壓痛感，期間可使用冷敷減輕不適感，直到腫脹逐漸消退。若有疼痛至無法忍受、持續明顯腫脹（持續 5 天以上）或皮膚發黑的情況，請盡快與您的醫療院所聯絡。

- 注射後 48 小時內應輕柔的清潔治療區域，避免誇張的表情動作和按壓，可以視情況依照醫師建議使用抗生素藥膏或口服止痛藥。

- 在治療完 1~2 周內，會感覺注射部位有種緊繃感，經過一段時間後，治療部位就會變得柔軟。

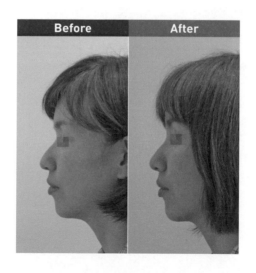

■ 圖 1　接受晶亮瓷治療。

- 治療後 4 周內避免處於高溫的環境，例如：溫泉、烤箱、蒸氣，以免增加晶亮瓷的降解速度。
- 如果還有任何術後的其他疑問，請與您的醫療院所聯絡。

結論 · *Conclusions*

　　美容注射最重要的是醫師的學識、經驗、與技術，才能在不同情況下選擇適切產品進行治療。美的定義因人而異，而且往往是主觀的認知標準，市面上五花八門的療程看起來很吸引人，但如何在安全的前提下，達到期望的效果，是需要仰賴術前與醫師詳細溝通，以及術後遵從醫囑做好居家照護，才能得到最佳成果。

 About the Author

曾德朋 │ 基督復臨安息日會醫療財團法人
　　　　　臺安醫院 皮膚科主任

學歷：臺北醫學大學醫學系
　　　加拿大多倫多大學免疫學系
　　　臺北醫學大學教育部定講師
經歷：台灣皮膚暨美容外科醫學會副秘書長
　　　衛生福利部立雙和醫院皮膚科主治醫師

 About the Author

高嘉懋 │ 祈約美醫皮膚科診所 院長

學歷：國立陽明大學醫學系畢
經歷：台灣皮膚暨美容外科醫學會 創始發起人
　　　亞東紀念醫院皮膚科暨美容中心 主治醫師
　　　臺大皮膚部 研究醫師

編者叮嚀：

1. 屬於較硬的填充物，支撐效果佳。但易有皮膚過敏現象。
2. 此注射品跟玻尿酸另一大不同點為其無法降解。
3. 因其有類似骨頭的成效，故常使用於鼻部。惟鼻部軟組織較
    缺乏，過度注射可能張力過大阻礙血流，不可不慎。

自體脂肪移植

　　自體脂肪移植最早使用在矯正先天性畸形及重建手術，隨著抽脂手術與麻醉方式的進步，近年來則被廣泛的應用於美容醫學的領域，無論是臉部還是身體的雕塑，都可以透過自體脂肪移植讓外表與體態更符合理想的目標。根據統計，自體脂肪移植已成為最受歡迎的手術之一，臨床上的詢問度是越來越高。

一、何謂自體脂肪移植

　　自體脂肪與市面上其他的外來填充物（如玻尿酸、微晶瓷、3D 聚左旋乳酸、洢蓮絲等）一樣除了有體積填充與支持的效果外，還可以自然融合入自身組織，擁有 100% 的生物相容特性，不會有排斥過敏的問題產生，存活的脂肪還可以長久維持下來。而脂肪細胞的存活率因人而異，根據一系列研究顯示存活率約 30%~70%，存活率的不確定性往往為人所詬病，但脂肪在大部分人身上是可以簡單且大量獲取的，因此筆者認為自體脂肪仍然是大範圍凹陷填補及大量體

積塑型最好又最經濟的材料。

二、適應症

　　自體脂肪移植不只能填充體積，還擁有幹細胞回春的效果，因此被廣泛應用於美容醫學的範疇。除了可以回填到面部，改善額頭、眼周、夫妻宮、臉頰、蘋果肌、法令紋、木偶紋等凹陷之外，也可以注射於鼻背與下巴來調整五官的比例與長度。利用全臉自體脂肪移植可以有效填補面部各處

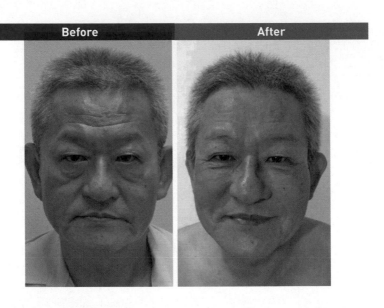

■ 圖 1　為接受全臉自體脂肪移植術後 6 個月的病人，可以看到面部各處凹陷的改善與整體回春抗老化的效果。

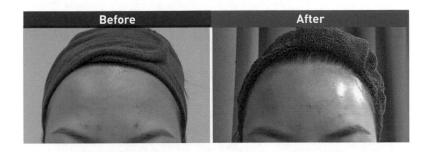

■ 圖2　為接受自體脂肪移植豐額的病人，術後追蹤滿兩年，額頭仍有自然飽滿的維持度。

凹陷與雕塑臉部輪廓，來達到面部回春抗老化的效果（圖1與圖2）。自體脂肪也可以應用於身體的塑形，注射於胸部、臀部、手部等來達到豐胸、豐臀、手部回春的目的。另外自體脂肪移植也可合併其他手術一起施行，複合式的手術將使整體效果更為完美（圖3與圖4）。

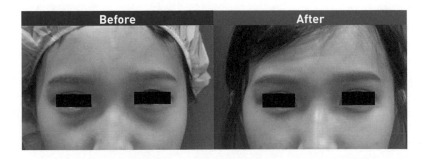

■ 圖3　下眼瞼與臉頰的交界處最常見的問題是眼袋與淚溝，圖為接受眼袋手術合併自體脂肪移植填補淚溝與蘋果肌的病人，複合式的手術使效果臻至完美。

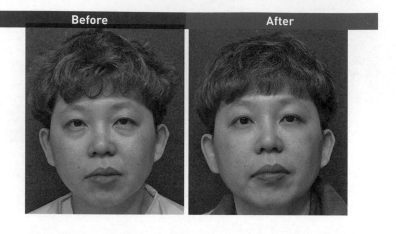

■ 圖 4　眼袋移除後再搭配自體脂肪填補淚溝與蘋果肌，讓去除眼袋的效果更好。

其他非美容醫學的應用：疤痕、燒傷、組織重建、放射性皮膚炎、脂肪營養不良症等。

三、治療的方法原理與種類

自體脂肪移植三大操作步驟：獲取、處理、注射。

自體脂肪移植施行時的流程不外乎從供體區獲取（harvest）脂肪，純化處理（processing）脂肪，注射（injection）回填受體區這三大步驟，這些動作都攸關脂肪細胞術後的存活率。

• **獲取**（harvest）：獲取脂肪時的各個過程都會影響脂肪存活度，像是抽脂部位的選擇、抽取脂肪的方式、抽脂管管徑、抽脂時的負壓、以及抽脂的腫脹配方等。身體哪個部位的脂肪最適合拿來移植，目前的答案仍舊莫衷一是，不同的研究有著不同的結論，但考量到臨床上脂肪抽取的容易性及可抽取量，筆者認為脂肪易於堆積的腹部及大腿內外側最適合用於白體脂肪移植。抽取出的脂肪會暫時貯存於集脂桶或針筒之中以利後續分離（圖5）。抽脂的方式有傳統負壓抽脂、超音波、動力、水刀或雷射等輔助抽脂設備，使用超音波或雷射會使脂肪細胞在抽取時遭受破壞，相當於移植死亡的脂肪細胞，將不利於存活率。而為了避免脂肪在抽取時遭到破壞，建議使用管徑較粗的抽脂管以及較低的負壓進行抽吸。抽脂腫脹配方的使用可以有效減少出血，撐大脂肪層幫助脂肪的抽吸。

■ 圖5 獲取（harvest）出的脂肪會暫時存置於集脂桶之中。

● **處理**（processing）：處理脂肪的步驟相當重要，因為上述獲取來的脂肪不只含有脂肪細胞，還有血液、纖維雜質與殘骸等會破壞脂肪細胞的部分，因此脂肪細胞必需被純化出來。脂肪細胞分離的常用方式不外乎離心、靜置、過濾、洗滌這幾項，研究顯示這些分離方式對存活度的影響差異不大。筆者只使用離心方式分離脂肪細胞，因為離心方式最能快速而有效率地進行分離，進一步減少脂肪暴露在體外的時間。離心過後的脂肪共分成三層（圖6），第一層是淡黃清澈的油脂，可以使用紗布吸乾移除，第二層是實質黃色的脂肪組織，也就是進行移植最重要的脂肪細胞，第三層則是血水與腫脹麻藥，可由針筒下方直接排出。

■ 圖6　離心處理（processing）後的脂肪，由上至下共分三層：第一層油脂，第二層脂肪組織，第三層是血水與麻藥。

• **注射**（injection）：在選擇受體區進行脂肪回填時，血液營養供應充足且擁有充分空間的區域（臉部、胸部、生殖器等）是最適合脂肪注射的部位，有利於提升脂肪存活率。分離純化出的脂肪組織可以分配到注射針筒之中以利後續注射回填（圖7）。多層次、多平面以小油滴的方式均勻注射可以提升脂肪存活度，也都是注射脂肪時的準則。

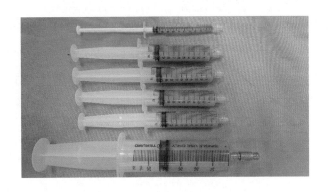

■ 圖7　分離純化出的脂肪組織可以分配到注射針筒之中以利後續注射（injection）回填。

四、常見問題 Q & A

1. 自體脂肪移植治療禁忌症及注意事項？

移植的脂肪細胞對於外力及溫度很敏感，因此脂肪填補的部位應避免按摩壓迫、冰敷或熱敷。抽脂的部位如腹部、腰部、手臂、大腿等處需使用繃帶或穿著塑身衣來減少腫脹

與幫助皮膚組織貼合修復。傷口部位避免碰水，必須按時清潔消毒，塗抹藥膏，並以防水膠布覆蓋。遵照醫囑，按時服用術後口服藥物。術後飲食均衡，不可節食減肥，避免菸、酒、刺激辛辣的食物，可多攝取高蛋白的飲食，維持良好的生活習慣。

2. 請問脂肪幹細胞是什麼？

　　自體脂肪移植的觀念近年來有著很大的變化，從早期只單純移植脂肪細胞到現今漸進流行的細胞輔助式脂肪移植（cell-assisted lipotransfer，CAL）。作法上就是經由特殊純化及分離的方式，將脂肪細胞與幹細胞一同進行移植。研究顯示，脂肪幹細胞不只可以提高移植後的細胞存活率及持久度，也可以降低脂肪移植可能出現的纖維化、囊腫、鈣化等併發症。

3. 請問「奈米脂肪」又是什麼？

　　關於自體脂肪移植，時下有一個正夯的新名詞叫做「奈米脂肪」。其實奈米脂肪只不過是把抽取出的脂肪細胞進一步粉碎過濾後採集而成，因此奈米脂肪將不再含有正常完整的脂肪細胞，只剩下破碎的油滴或細胞碎片。然而，奈米脂肪仍然富含體積較小的幹細胞，可以幫助細胞分化及增生。研究顯示，注射奈米脂肪可以改善皮膚質地，使皮膚回春年輕化。

結論 · *Conclusions*

　　總結起來，自體脂肪移植成功的黃金準則不外乎為：減少脂肪細胞暴露在體外的時間，使用較大管徑套管進行抽吸及注射，操作過程盡量精細溫和減少不必要人為操作，以上幾點的目的都是為了減少脂肪細胞的破壞，進而增加存活率。再生醫學如脂肪幹細胞與奈米脂肪的應用，或能進一步達到組織回春的目的。若能篩選合適的病患，配合經驗豐富的皮膚外科醫師及設備完善的醫療診所，相信能大大提升術後成功率與滿意度。

About the Author

周哲毅 | 西門維格醫美診所院長

學歷：成功大學醫學系
經歷：署立雙和醫院美容中心主治醫師
　　　臺北醫學大學皮膚科總醫師
　　　成大醫院外科住院醫師

編者叮嚀：

1. 自體脂肪移植除了無過敏性之外亦保留部份幹細胞及生長因子的功能，除了填充之外也有刺激組織再生的效果。

2. 自體脂肪移植最大優點是不會產生排斥現象，但如果施打過量或準備方法不適當，會有鈣化及存活率降低情形，尤其是乳房填充。

3. 鼻根或上眼皮部位，不宜過量填充，以免造成血管阻塞或眼皮長期腫脹。

4

CHAPTER

美容手術

毛髮移植術、眼瞼皮膚美容手術、隆鼻手術、拉皮手術、狐臭手術、抽脂手術、腹部拉皮手術、靜脈曲張手術

毛髮移植術

　　植髮原理雖然簡單，植髮是否能夠成功則取決於醫師的技術，在技術上有一些專業考量。

一、何謂毛髮移植術

　　毛髮移植手術是指將毛囊由原來生長的皮膚處取下來移植到需要生長毛髮的地方，依據取髮的來源可以分為自體或異體毛髮移植。臨床上以自體毛髮移植為主。

二、適應症

●　雄性基因禿（俗稱雄性禿或男性禿）：與遺傳和雄性荷爾蒙有關。臨床上分為男性型和女性型。

●　疤痕性禿髮：因為外傷或某些皮膚疾病造成皮下毛囊壞死纖維化，形成永久性禿髮。

●　美容方面：例如眉毛、睫毛、鬍鬚、胸毛或陰毛等部位植髮。

三、治療的方法原理與種類

1. 手術的步驟：傳統毛髮移植手術基本上分為四個步驟

⑴ 取毛囊、⑵ 分毛囊、⑶ 紮洞、⑷ 植入髮株。

2. 現代植髮手術的方式與種類

近 20 年來，植髮手術幾乎完全採用毛囊單位進行移植，所謂毛囊單位是指皮膚上成群聚集的 1~5 根的頭髮，所形成的單位將這些毛囊單位完整的分離出來，再植入禿髮區，稱為毛囊單位移植手術（Follicular Unit Transplantation, FUT）。

● **毛囊單位皮瓣手術**（Follicular Unit Strip Surgery，FUSS）：在後腦杓取一條皮瓣，再由技術員分成一株株的毛囊單位。

● **毛囊單位摘取術**（Follicular Unit Excition，FUE）：將毛囊單位直接由頭皮鑽取或分離（Follicular isolation technigue, FIT）分離方式可用手動、電動或機器手臂（Robot）。

● **植髮器**（Implamter）：將毛囊單位植入所使用器械，例如植髮筆（韓式植髮）。自動植髮機包括新一代的機器人（Robot）。植入的器械目前市面上種類繁多，不過大部分有經驗的醫師仍喜歡使用鑷子手工植入。

四、常見問題 Q & A

1. 選擇微創手術（**毛囊摘取術**）比較好嗎？

毛囊摘取術（無論是手工、電動或機器人）與皮瓣手術的優缺點如下表：

	皮瓣手術	毛囊摘取術	機器人
疤痕	線狀	一個個小點	同左
手術時間 (1000-2000 株)	4~6 小時	6~10 小時	6~10 小時
毛髮存活率	80~100%	60~80%	視操作技術
價格	80~100 元／株	100~150 元／株	150~200 元／株

2. 使用植髮器（**韓式植髮**）比較好嗎？

植髮筆或自動植髮器如果操作得宜與手工植入相當，只是會增加手術成本費用，植髮密度也稍微低一點。

3. 植髮量如何評估？是否一次植越大量越好？

植髮的數量是根據禿髮的面積大小與植髮密度而定。例如一位第 4 期雄性禿患者規劃植髮面積 50 平方公分，植髮密度為每平方公分 30 株，則需移植 1500 株毛囊單位。是否植越多越好倒是不見得，實際上應該是達到外觀改善的最大

量為宜。舉例來說，對一位年輕病人臨床第 2 或第 3 型只需植 1000 株左右便能達到理想的外觀。如果植入 2000 株或更多，臨床並無加分，反而浪費多餘的毛囊。這些毛囊留著將來仍可能使用的到。

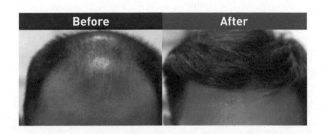

■ 圖 1　第 4 期雄性禿手術前及術後 3 年（一次移植 1500 株毛囊單位）。

4. 植髮手術的時間重要嗎？

　　毛囊離開人體時間越短存活率約高。除非保存得宜；根據韓國 Dr.King 之前研究，毛囊離開人體 4~6 小時以上存活率會大幅下降，所以植髮手術盡可能在 6 小時內完成。

5. 植髮手術治療雄性禿一勞永逸？手術完就不用再吃藥了嗎？

　　手術只是填補禿髮部位並不能抑制雄性禿疾病的進展，所以手術完仍需擦生髮水或吃 Finasteride（柔沛）或 Dutasteride（新髮靈）預防持續掉髮，除非禿髮型已經穩定。

6. 植眉手術和植髮一樣嗎？

眉毛有一定的生長方向且角度比較小（伏貼）比較細且是單根生長，因此必須取較細的單根或分成單根的毛髮再植入，先紮洞再植入或以植髮筆皆可。基本上植眉是比植髮需更高的技術與經驗，免得植起來像張飛。

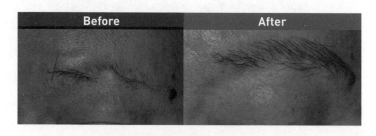

■ 圖2　植眉手術前及術後 1 年。

7. 植髮在疤痕上可以存活嗎？

對於較平的疤痕植入毛囊是可以存活，但存活率比平常頭皮差一點，約 70~80%。

8. 一次移植密度約多少？如何達到正常頭髮密度？

根據研究植髮密度每平方公分 30~40 個毛囊單位存活率最佳，中國人正常毛囊單位平均每平方公分約 70 個，因此同一部位植二次幾乎可以達到 80% 以上正常的密度。

9. 每次植髮間隔多久較合適？

植髮完約 9~12 個月可以看到比較好的結果，加上頭皮經過 1 年後比較軟化，因此建議間隔 1 年以上比較合適。

10. 植完多久可以洗頭？可以運動？可以擦生髮水？

植完後 1~2 天可以洗頭，大概 1~2 周才可激烈運動，一周後可以開始擦生髮水。

11. 女性雄性禿植髮效果如何？

女性雄性禿是屬於瀰漫性稀疏，因此植入髮量不似完全禿光可以植的比較密，因此可能需要二次植髮外觀上比較好看，至於髮線部分（額頭太高）一次便可以達到不錯效果。

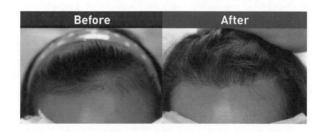

■ 圖 3　女生前額髮線術前及術後 1 年。

12. 植睫毛、鬍鬚、陰毛效果如何？

上眼瞼有 3~4 排睫毛，早期流行植睫毛，但有一些副作用如方向不對、倒插、肉芽腫等，自從有睫毛生長液問市

及接假睫毛風行，目前較少醫師執行此項手術。至於鬍鬚、陰毛比較簡單效果也相當不錯。

結論 · *Conclusions*

尋求植髮手術前先諮詢皮膚專科醫師確認何種禿髮疾病，一旦屬於不可逆禿髮，再考慮植髮手術。

手術諮詢必須確認手術的方式，預估髮株數量及費用，術後照顧及長期預後情形，且避免使用全身靜脈注射麻醉，減少不可預期的麻醉風險。以及避免過量髮株移植和髮株移植過密（每平方公分大於 40 株以上），減少浪費安全毛髮及金錢，不是植越多越好、植越密越好，以免降低存活率。

 About the Author

蔡仁雨 | 蔡仁雨皮膚科診所院長

學歷：臺北醫學大學醫學系
資歷：教育部部定皮膚科副教授
　　　臺北醫學大學皮膚科兼任副教授
　　　台灣皮膚暨美容外科醫學會理事長
　　　臺灣皮膚科醫學會理事
　　　臺北醫學大學萬芳醫院皮膚雷射中心主任
　　　臺北長庚紀念醫院皮膚科住院醫師、總醫師、
　　　主治醫師
　　　美國 Tulane、VCLA、日本東京虎之門醫院皮膚外科
　　　研究員

編者叮嚀：

1. 不論何種手術方式，最重要是手術醫師的熟練度與經驗比較重要。

2. 不隨便聽信廣告，尤其是招攬去國外接受廉價的植髮手術；所謂植髮手術的黑市場目前充斥在全世界。

3. 手術計價是以一根或是一株應該術前先問清楚。

4. 植髮手術是改善外觀並不能治癒雄性禿，因此手術後仍需依醫師指示繼續吃藥或擦藥避免持續落髮。

5. 新的技術並不一定代表比傳統方式好，只是比較容易廣告吸引民眾注意。

眼瞼皮膚美容手術

詩經有云：「美目盼兮、巧笑倩兮。」擁有明亮有神的大眼睛，應該是所有女性夢寐以求與男性魂牽夢縈的。西風東漸的審美觀影響之下，雙眼皮手術、眼袋手術、開眼頭手術等相關的眼瞼皮膚美容手術，長期以來已經成為東方人皮膚美容整型最多的一個手術項目。

一、何謂眼瞼皮膚美容手術

微整型目前相當風行，而「微創雙眼皮手術」或稱為「最小侵襲」、「迷你小切口」等眼整型手術應運而生，正因為可以在傷口小、恢復快、手術時間短、甚至沒有刀疤的情況之下完成雙眼皮與增大眼睛的效果及告別眼袋的沈重困擾甚至合併眼袋脂肪作回填淚溝的處理。另外，雷射合併其他針劑注射（肉毒桿菌處理眼週動態紋、與玻尿酸填補淚溝等）和非侵入性的美容醫療能量儀器（Energy-based devices）所產生熱能緊膚拉提的效應，例如電波拉皮（熱瑪吉 Thermage or ThermaCool）、音波拉皮（超聲刀）等，

也可以產生極佳的眼周肌膚抗老化與緊緻提升的綜效。

　　除了充滿情意的微笑之外，想擁有魅力雙眼的朋友趕快諮詢您的皮膚美容外科專科醫師、利用最新的美容醫學科技，結合「光、能、針、線、刀」等五種「美力」的「眼綜合」手術與非手術的治療武器，全方位打造一雙迷人的魔力電眼。

■ 圖1　23 歲女性接受雙眼皮手術治療。

二、適應症

　　眼瞼包括開閉、眨眼等運動一天要活動 2 萬多次；而且眼皮只有臉皮的三分之一薄，所以眼皮的皺紋、黑眼圈與暗沈、凹陷、鬆弛與下垂，往往是初老首先出現的位置。慎選適合自己眼皮膚質的保濕、美白、抗皺、抗氧化的機能性保養品並合併果酸換膚、鑽石微雕、脈衝光、肉毒桿菌素注射、玻尿酸或是聚左旋乳酸等的填充注射、與電音雙波的美

醫能量儀器治療也可以有效地改善眼周皮膚問題。例如黑眼圈這個通俗的名稱，就包括了膚色黯沉的黑色素沈澱、靜脈血循鬱積的青灰紫色調、淚溝所造成的結構性陰影等三大因素的複合性問題。而眼周的皺紋更包括乾燥肌膚水分涵養較差的表淺細紋、動態的表情皺紋如魚尾紋和眼下紋、與不做表情就有的深刻靜態紋三大類。

三、治療的方法原理與種類

1. 「微創」雙眼皮、眼袋手術的新概念

雙眼皮與眼袋手術一直是東方人整型手術第一名的項目，而術後恢復期太長，一直是職場男女、飲食男女最大的考量。「微創」是指傷口小於 1 公分的手術。所以專業的醫師必須要有較高段的技術訓練，因為手術傷口小、手術操作的視野小、難度比較高，與傳統的「割」雙眼皮比較，手術時間短、術後恢復快、疤痕小甚至無疤痕、在職場學校被別人發現的機會小、也比較自然，這對於「為善不欲人知、求美不欲人知」的朋友們，微創眼瞼皮膚美容手術算是一個很好的選擇。

2. 「雷射」在眼瞼皮膚美容手術的應用

汽化性的雷射例如二氧化碳雷射（CO2 laser）、鉺雅

鉺雷射（Er: YAG laser）等其波長會被水所吸收，所以可以產生雷射熱效應汽化皮膚組織。而二氧化碳雷射的雷射熱凝固的效果比較好，所以除了切割皮膚軟組織之外，還可以利用雷射熱凝固效應來止血。因為鉺雅鉻雷射的汽化效果比較好，而凝固止血的效果卻比較差，所以一般應用「二氧化碳雷射」在雙眼皮與眼袋手術比較常見。

用二氧化碳雷射於主要好處有：(1) 雷射止血的效果，熱凝固了眼皮的血管與淋巴微循環系統。不但可以減少術中出血與花在止血的時間，加快手術進度；並且可以減少術後瘀青腫脹的情形。(2) 加諸於眼皮表淺神經的雷射熱傷害，會減少術受後的疼痛等不滴感。(3) 雷射對皮膚軟組織的熱傷害沒有高頻電燒來得大，而且對組織的熱傷害與傷口修復的過程中形成的發炎反應與纖維化，可以加強組織的黏著與固定，減少雙眼皮消失的機會。另外，老化鬆弛的眼皮運用雷射來輔助割的眼瞼美容手術的進行，也有很好的收緊眼皮得效果。以一個眼瞼皮膚美容外科醫師而言，雷射應用於微創眼皮美容手術，提供了一個很好的發展方向。

3. 雙眼皮手術

雙眼皮手術是國人接受美容手術比率最高的一種，原因就是眼睛是靈魂之窗，所以大眼睛對於一個人的美，最有畫

龍點睛的效果。想要有美目盼兮、能傳達巧笑倩兮的魔力電眼，就要好好諮詢你的皮膚美容外科專科醫師。

　　雙眼皮手術的手術方法很多，簡單的分成縫合法（縫的）與切割法（割的）。其中縫合法可以細分為拆線式縫合法（比較古老的方法，已經被淘汰）與埋沒式縫合法（為縫合法的主流）；而切割法又可以細分為傳統全切開法（以往的『割』雙眼皮，千篇一律是用這種方法）與迷你小切口法，其特色如下（表1）。醫師選擇的原則是，充分告知病患每一種術式的特色與好處，術前、術後需要注意的事項。依照病患眼皮的條件與特色，提供醫師專業的建議，再由病患來選擇。一般來說要考慮的狀況如下：

- 病患眼皮的條件：厚的眼皮或是有眼皮鬆弛下垂，比較適合傳統切開法的雙眼皮手術。眼皮浮腫要考慮移除多餘的皮下軟組織與眼窩脂肪，比較適合選擇切開法或是小切口法。
- 希望持久性長的病患，一般會建議切開法與迷你小切開法。其實按照目前埋沒縫合法的手術技術與醫材的進步，經驗上九成左右的病患也可以達到長久的效果。
- 希望弧度自然，則可以選擇縫合法或是迷你小切口法。
- 希望沒有疤痕或是疤痕小的，可以選擇縫合法或迷你小切口法。

- 希望術後恢復期短，腫脹瘀青不明顯的，可以選擇縫合法或迷你小切口法。
- 有蟹足腫與肥厚疤痕體質的病患，傾向選擇縫合法。

■ 表 1　雙眼皮的手術方式與特色

種類	縫合法		切割法	
	拆線式縫合法	埋沒縫合法	迷你小切口法	傳統全切開法
特徵	縫線外露要拆，利用縫線引發的發炎與纖維化的反應來達到固定雙眼皮的效果。	縫線埋於皮膚內。術後腫脹少、可調整性高、第二天可以上班。	僅部分切開眼皮（小於1公分）並縫合。	全切開並將多餘的皮膚與脂肪移除，再縫合。
手術時間	30 分左右	30 分左右	45 分左右	1 小時左右
術後腫脹	＋＋＋	＋	＋＋	＋＋＋
手術疤痕遺跡	＋－	－	＋	＋＋
雙眼皮消失	可能	可能，5 年約3%左右	機率小	機率最小

4. 眼袋手術

　　眼袋主要是由下眼窩的脂肪過多、或是因為老化脫垂所造成皮膚的膨隆現象，常常合併下眼皮的鬆弛與下垂。另外

因為水分、鹽分攝取過多、或是腎臟病變等等原因所造成的眼周水腫，及外傷所造成的血腫等也往往會被誤認成眼袋。而面相學上所謂的「臥蠶」，子女宮的位置，是指下睫毛下側的眼輪扎肌肥厚部分，條狀的很像倒臥的蠶寶寶。臥蠶並非眼袋的脂肪，所以術中會保留不切除。因為有臥蠶的人在微笑的時候會比較明顯，有加大眼睛的裝飾效果。這一類像眼袋而不是眼袋的，統稱為假性眼袋。

眼袋手術方法的選擇，主要有經結膜眼袋手術（內開式）與經皮膚眼袋手術（外開式）。

● **經結膜眼袋手術（內開式）**：適合下眼皮眼袋輕至中度，眼皮鬆弛下垂不嚴重，與不喜歡有傷疤的病患。

● **皮膚眼袋手術（外開式）**：比較適合年齡較大、下眼瞼皮膚鬆弛、下垂、與脂肪脫出的問題較嚴重的病患，因為經皮膚眼袋手術可以修正較多的解剖學上的老化問題，甚至可以合併中臉部位的小拉皮。

5. 開眼頭手術

正確的名稱就是內眼角形成術、或稱為眼內眥手術，或是日本人稱呼的目頭切開法。將贅生的鼻側上眼皮組織經由精細的美容手術切除、皮瓣轉位再縫合，可以讓眼內眥消除，而不會留下太明顯的疤痕。這個術式不但可以有效的讓

眼睛拓寬變大（Ｘ水平軸向）、眼距變窄、與修飾眼型，還可以避免瞇瞇眼、狐狸眼、或是鬥雞眼的感覺、並且掩飾鼻樑過塌的缺點、使雙眼皮摺子在眼頭部分的閉鎖型變成開放型，使得眼睛更加深邃、柔和。

四、常見問題 Q & A

1. 眼皮美容手術的注意事項？

所有眼瞼美容整型手術，保護眼球與角膜都是最重要的考量，避免影響病患的視力。

雙眼皮手術：術前的精密測量很重要，避免術後左右不對稱的現象；雖然人類的左右眼有一定的比例先天就不完全對稱，術前要先跟病患告知與溝通。要設定大於 9 或 10mm 以上高度的雙眼皮皺折，就要小心考慮術後是否看起來自然的問題。其次根據病患眼瞼條件，選擇最適合的手術方式。術中隨時請病患做開眼閉眼的動作，以確認是否有固定到提眼瞼筋膜或眼瞼板、與檢查左右對稱性。切開法的雙眼皮手術要注意切除的皮膚寬度寧願切少不要切多，避免兔眼發生。迷你小切口法雙眼皮手術則因為手術視野小，所以要小心止血，並確定是否有確實固定到提眼瞼筋膜或眼瞼板，避免重瞼線消失。縫合法要注意打的結是否穩固、埋入的線與結是否確實，這影響重瞼線的弧度是否好看自然與維持長久。

眼袋手術：選擇經皮膚眼袋手術，要小心避免切除過多的皮膚造成下眼瞼外翻。術前可以做牽引測試（Distraction Test）與下拉測試（Snap back test）來檢查下眼瞼的鬆弛度與張力彈性；術中要修剪皮膚之前，可以請病患開眼向上看與張口，使臉部皮膚達到最大的張力，來幫助決定所需要剪除皮膚的幅度。經結膜眼袋手術要小心因為手術視野狹小，造成止血不完全的術後血腫，或是傷及眼球的下斜肌。

開眼頭手術：避免淚管的損傷與手術疤痕的隱藏，術中隨時注意是否傷到淚管開口。

2. **眼皮美容手術的術後處理與照護須知**？
   - 避免服用抗凝血劑與含阿司匹靈成分的藥物，需要停藥 1 周。
   - 禁酒 1 周。
   - 避免劇烈運動（如跑步、舉重物、擤鼻涕、或用力咳嗽）。
   - 冰敷：
     開刀當日：每次 1 小時，共 4~6 次。
     開刀完第 2、3 日：每次 10~15 分鐘，每日 2~4 次。
     確實的冰敷次數、天數、與頻率會因個人的手術方式與眼皮狀況有所出入，依手術醫師與護師指導的衛教方式為準。

- 熱敷：開刀完第 4 日後：每次 10~15 分鐘，每日 2~4 次。確實的溫敷次數、天數、與頻率會因個人的手術方式與眼皮狀況有所出入，依手術醫師與護師指導的衛教方式為準。
- 眼瞼些微腫脹與瘀青為術後正常的狀況，大約 1~2 周左右會消褪。
- 過度的腫脹、疼痛、流血要儘快與醫院或醫師聯絡。
- 避免使用隱形眼鏡 1 周。
- 術後如果有包紮的話，約第 2 天便可以拆除。
- 換藥（手術當天開始）：清潔（用棉花棒沾煮過的冷開水或是生理食鹽水擦拭縫合的傷口）、在傷口塗上眼藥膏。
- 回診：5~7 天後拆線，1 個月與 3 個月後追蹤照相檢查恢復狀況。

3. 眼皮美容手術的術後副作用與併發症？

　　眼皮美容手術已經被證明是很安全的手術，絕大部分的副作用是暫時性的、或是可逆性的，如果有發生類似的狀況，請不必太緊張，跟你的護理人員或是執刀醫師充分詢問與溝通，才會有妥善的解決，達到安全且良好的效果。

　　切割法雙眼皮手術：眼皮腫脹、縫合線部位紅腫、皮膚知覺鈍麻、開瞼時異常感覺、皮下出血斑、雙眼皮寬度左右

不對稱、血腫、三層眼皮皺折、醫原性眼瞼下垂、結膜下出血、感染、失明、雙眼皮皺折消失等。

縫合法雙眼皮手術：腫脹、疼痛、眼脂等分泌物變多、開瞼時的異常感覺、皮下出血斑、雙眼皮寬度左右不對稱、雙眼皮皺折消失、血腫、結膜下出血、埋沒縫合線皮膚側露出、埋沒縫合線結膜側露出造成角膜刺激痛、縫線打結處的異物肉芽腫或囊腫、眼球損傷。

眼袋手術：腫脹、縫合線部位發紅、皮下出血斑、血腫、眼尾縫合處壓痛感、淚管壓迫導致流淚、結膜水腫、結膜下出血（經結膜眼袋手術比較常發生）、眼尾肥厚性疤痕、眼尾縫合的折角（dog ear）、眼瞼外翻（經結膜眼袋手術比較少發生）、兔眼、皮膚壞死、感染。

開眼頭手術：疤痕明顯、腫脹、蟹足腫、眼頭修正不夠、眼頭修正過多、皮瓣縫合的不平整、內眼角的形狀變形、皮瓣皮膚壞死、淚管損傷。

4. 何謂「美麗眼部」的要點？

　　一般民眾對於眼部美麗的要求，不外乎眼睛要大，最好是水汪汪會說話；雙眼皮增加豐富性與層次感；睫毛翹亮麗有朝氣；眼皮沒有細紋、鬆弛下垂、眼袋、與黑眼圈等等。就一個皮膚美容外科專科醫師的考量，一雙美麗的明眸必須具備以下這些條件：

● 雙眼位於臉部的適當位置，臉部兩耳之間的寬度大約為 5 個眼睛寬，即所謂「三庭五眼」中的「五眼」。眼睛橫向寬度大約為 3 公分左右。

● 兩眼間距大約為一個眼睛橫向寬度，即 3 公分左右（與開內眼眥手術有關）。

● 雙眼皮的皺折，在開眼時睫毛緣到皺折，跟皺折到眉毛的比值為 0.618（黃金比例）。

● 雙眼皮皺折為內窄外寬型或是平行型。

● 眼黑的部分露出 80% 左右或以上（與提眼瞼手術有關）。

● 睫毛為平伸型或是上翹型。

● 沒有眼周皺紋、眼皮下垂、眼袋、黑眼圈、粟粒腫、眼瞼黃斑瘤與汗管瘤等凸起小顆粒。

5. 請問東西方人種眼皮條件的差異？

東方人眼瞼皮膚比較厚，包括表皮、真皮、皮下脂肪、和眼輪匝肌。而提眼肌筋膜分支貫穿眼輪肌支配到前方眼瞼皮膚的纖維也比較薄弱。皮下軟組織與眼球周圍包裹的軟組織比較多，而整顆眼球也比較突出於眼眶骨之外，而西方人則相反。是故，東方人的雙眼皮比較沒有那麼深邃，看起來比較泡泡腫腫的，而單眼皮的比例也較西方人為高。內眼眥的部分也容易形成遮蔽眼球內側上緣的皺摺（Epicanthal fold）。所以接受雙眼皮、開內眼眥的比例就比西方人高出許多。

6. 關於「對稱」的重要性與迷思？

老子道德經有提到「大道氾兮，其可左右。」是古代經典中，最早提到左右對稱的部分。楊振寧、李政道、吳健雄三位博士也證明在粒子物理學的世界，宇稱也是不守恆的。其實我們的臉也是「左右不對稱」的，雖然越對稱在美學上是越好看的，但是一般人往往沒有察覺到我們左右臉原本就不對稱的問題。我們一般人的臉經由胚胎成形的過程，加上後天習慣咀嚼單側的咬合不均衡，最終左右臉往往呈現的是「不對稱」。有一邊的臉比較圓而短，另外一邊是比較瘦而長，而通常我們會比較喜歡比較圓潤的那一邊。網路上常常可以看到有把明星兩個右臉或兩個左臉拼出來的合成照片，即可察覺到這樣的現象。當然我們眼睛也會受到這樣的影響左右不對稱。在臨床上幾乎很難觀察到眼瞼左右完全對稱的人。影響眼瞼對稱的因素有：眉毛的左右高低差、眉毛的左右長短差、上眼皮左右下垂的程度不同、雙眼皮皺摺的左右寬窄差、眼睛左右位置的高低差、眼裂本身的左右大小差異、臥蠶或眼袋的左右大小差距等等都會對眼瞼的對稱產生影響。而醫師執行雙眼皮手術能決定的只有雙眼皮皺折的寬窄、弧度的走向、上眼皮眨開的幅度、以及眼內眥的

開放或閉鎖。簡單地說，就是只做一個雙眼皮手術是不可能讓眼瞼甚至臉部改變成完全對稱的，這是一個很重要的基本概念。醫病兩造在術前要充分溝通，避免認知的落差。

7. **請問何謂「高頻超音波」？又其如何應用於眼瞼皮膚美容手術**？

　　高頻超音波的「高頻」是指 5-10MIIz 的超音波，可以檢查比較淺層的皮膚組織結構，用來檢查皮膚腫瘤、靜脈血管的構造來幫忙評估甚至鑑別診斷。我們發現利用高頻超音波來檢查眼皮的精細解剖構造與測量手術前設定的測量參數，以供術中參考很有價值。在超音波的影像之下，眼窩脂肪的結構呈現高超音波訊號的白色，而眼瞼板與肌肉則呈現低超音波訊號的黑色，顯像的畫質清晰又是非侵入性的檢查，所以有很好的臨床參考價值。術前評估可以幫助精確地定位出脂肪量的多寡與位置，可以區分出上眼瞼四種脂肪的位置，甚至可以鑑別診斷眼袋還是水腫、脂肪、或是眼輪匝肌肌肉肥厚的「臥蠶」；術中有疑問也可以用超音波來釐清疑慮，輔助手術的進行；術後的追蹤檢查、腫脹狀況的評估等，甚至可以定位手術縫線的位置。在高頻超音波的輔助之下，病人的狀況可以充分的評估，選擇最符合病患需求的術式，擬定手術計畫，在最安全、最精緻的情況下為病人進行手術。

8. 一般手術前的諮詢，醫師會詢問你，而自己最好先自我
   了解的部份包括？

   - 是否有使用過雙眼皮膠、或是雙眼皮貼、或紋了
     眼線。
   - 眼皮是否看起來很浮腫。
   - 眼睛的大小與臉部的比例。
   - 上眼皮是否有下垂，先天還是後天。
   - 是否有蒙古皺壁（眼內眥皮）或是眼距很開。
   - 雙眼皮手術所希望雙眼皮的形狀，平行型或是末廣
     型。
   - 有肥厚疤痕或蟹足腫體質與否。
   - 有無藥物過敏史。
   - 重症肌無力病史與否。

9. 手術常用的麻醉方式為何？

   上下眼瞼的美容手術，採局部麻醉或局部神經阻斷的方
式，是很安全、而且是在病患意識是清楚的狀況之下進行手
術。患者的意識清醒是非常重要的，因為在術中會請病人開
眼閉瞼來檢查左右的動態對稱狀態。局部麻醉原則是醫師會
儘量注射術中可以不疼痛的最少量麻醉劑，以減少術後腫脹
的程度。

10. 可否詳細介紹各種雙眼皮手術的差異性？

● **埋沒式縫合法**：縫合法的技術種類繁多，有 1 針固定法、2 針固定法、也有 3 針以上的固定與連續性的縫合法，甚至也有把結打在結膜側埋入的方式，或是利用 25 號針頭誘導的縫合方式。基本上的變化還是以 1 針固定的埋沒法為主幹來做部分的變化。以打結的位置來分，有皮膚側結紮法、結膜側結紮法。以固定位置的高低來分，有提眼瞼筋膜固定法、眼瞼板固定法。固定在結膜側的操作技術比較困難，而且病人如果不滿意不容易拆線恢復。固定在皮膚側操作比較容易，但是比較會有縫線露出、摸到結節或是形成囊腫的問題。提眼瞼筋膜固定法比較符合自然的雙眼皮形成的原理，但是因為組織比較軟，所以打結時不可以太緊，否則會看到凹陷。眼瞼板固定法比較簡單，因為瞼板比較硬所以固定比較好，但是針穿過瞼板造成的腫脹與出血的比例比較高。而且固定的位置比較低，若是縫線在結膜側露出，比較容易造成角膜的損傷。造成瞼板變形、形成結節、囊腫的比例也比較高。

● **迷你小切口法**：即所謂的小切開法，開小洞的雙眼皮手術。視需要可在上眼皮適當處切開 1 個至多個約 0.5~1 公分的小切口來進行雙眼皮手術。也可以合併縫合法與小切口法併用的方式來進行手術。因為手術視野小，所以所需要的技術也比較難，學習曲線也比較長。

- **全切開法**：全切開法即傳統的割雙眼皮手術。因為切開的幅度大，所以眼瞼所有的解剖結構都可以一覽無遺。適合眼皮較厚、皮膚鬆弛下垂屬害、或是需要二次雙眼皮手術修正的病患。因為微創雙眼皮的技術漸漸被大眾所採用，所以全切開法這種傳統的手術方式已經保留給眼皮老化鬆弛下垂的病人。

- **微創雙眼皮手術的新方法**：迷你小切口合併 2 針固定埋沒縫合的新方法：的確，微創雙眼皮手術可以提供比較小的手術傷口、較少的眼瞼組織傷害、較短的恢復期和持久性的雙眼皮皺折。基於縫合法的雙眼皮手術比較容易有雙眼皮消失的疑慮、而迷你小切口法以一個小的切口來固定會造成皺摺弧度均衡性差的缺點，所以筆者發展一個新的結合縫合法與迷你小切口法的微創雙眼皮手術以達到更恰當的手術成果。所以筆者進行了一個追蹤一年以上 68 個案例的初步回溯性研究。每位病患會先接受 2 針縫合法，利用 7-0 耐龍的縫線、綁雙頭 3/8 圈的圓針來執行；之後在 0.5 公分的小切口之下進行眼窩脂肪的移除與眼輪匝肌和提眼瞼筋膜的固定。結果共 6 位男性和 62 位女性病患平均 25.3 歲被納入我們的研究。61 個非常滿意與滿意的案例（佔 89.7％）有比較短的手術時間（平均 45.6 分鐘）、短的恢復期（平均 11.3 天）與低副作用率（佔 2.9％）。結論是新的微創雙眼皮手術結合了 2 針縫合法與 0.5 公分的迷你小切口法可以提

供滿意的手術結果與極少的副作用。

11. 若雙眼皮手術治療後希望接受第二次手術修正，要如何處理？

　　大概沒有一位醫師喜歡做雙眼皮二次修正手術，也沒有人喜歡處理別人留下的爛攤子。但是專攻眼瞼皮膚美容手術的醫師，只要在這個領域做的夠多夠久，多少一定會碰到因為不滿意、不對稱、需要修正雙眼皮等等的問題。如果是自己的案例，還可以了解第一次是如何手術的，問題的關鍵點要如何破除與修正。要是別人開過的，剛開始往往如丈二金剛摸不著頭腦，不知如何下手。但是把雙眼皮二次修正手術當成是一種修煉，靜心、細心、盡心、信心地去處理，抱持這個四心的信念與態度，相信每一次二次修正的處理，都會令醫師的功力更加提升。

　　雙眼皮修正手術不外乎修正：消失、太窄、太淺、太寬、外翻、垂瞼、預定外的重瞼線（第三摺）、左右不對稱、末廣型改成平行型、平行型改末廣型與疤痕等問題。往往寬的（High fold）改窄比較困難，而且常常合併外翻、垂瞼、修正後形成第三摺等複雜狀況。一般可以用縫合法、迷你小切口法、切割法等方式來從新設計處理。處理的原則如下，第一是「預防」，即避免發生，對於自己的案例一定要做到自認為很完善了才讓客人離開手術室。第二是

「評估」，需要病患朋友提供第一次、或是前次手術的相關資訊，例如：手術的方式、醫師的姓名、手術報告或是病歷的影本等等。儘管有些取得困難，但是只要有一些相關資訊，都有助於二次修正手術。病患朋友如果對第一次或是先前的手術結果不滿意，應該先和原來診所或醫院的執刀醫師溝通，尋求可以改善的辦法；如果解釋跟提出的方案不盡滿意或是缺乏信心，才去徵詢第二意見，以資參考比較。醫師要詳細評估出眼皮功能與條件以及解剖學上的關鍵問題點。第三是「溝通」，必需要降低對效果的預期、可能會有多次的修正手術、也許會合併打玻尿酸或脂肪填補在眼皮上等等。第四是「策略」，醫師要盡量選擇「最小的方案解決最關鍵的問題」，避免已經沾黏的組織再次受傷把問題複雜化。第五是「技術」，通常醫師會選擇從眼皮的外側慢慢剝離，注射多一些的局部麻醉劑或生理食鹽水採取水剝離方式，另外會採用雙平面入路的方式來矯正解剖上的沾黏與錯誤點，並避免再度復發。

12. 請問何謂「混血瞳」？

所謂「混血瞳」就是類似西方人或混血兒，大而深邃的雙眼皮。

就長庚醫院暨診所美容醫學中心的經驗，提出這樣需求的雙眼皮手術不到一成，大部分的求美者九成以上還是喜歡

不管上妝或素顏都自然和諧的雙眼皮。但是世變日亟，隨著網紅與線上直播的時代到來，美的觀念與需求產生了巨大的改變，從適合東方人輪廓條件且自然的「巧笑倩兮、美目盼兮」，慢慢變成誇張又突顯特色的「瞳不驚人誓不休」的「混血瞳」！

混血瞳的四大特色：

- 大眼摺：雙眼皮摺子的高度設定比較高。
- 眼睛大而圓：調整提上瞼筋膜。即改善 Y 軸縱向垂直的眼睛大小。
- 眼頭為開放式：內眥眼角為開放式的。即改變 X 軸水平橫向的眼睛大小，同時讓眼距變近。
- 深邃：眼瞼脂肪與軟組織移除較多。

術式：混血瞳的三加一手術方式（視個別性組合）

- 割的雙眼皮手術：配合臉型設計高摺子的雙眼皮，切除眼瞼造成泡泡眼的脂肪與軟組織。但也可以根據顧客的眼瞼構造條件選擇低侵襲性的迷你小切口或是縫的手術方式。
- 開眼頭手術：內眥眼角切開縫合，使眼頭呈開放式的。即改變 X 軸水平橫向的眼睛大小，同時讓眼距變近。

- 調整提瞼筋膜術：可視眼瞼條件，調整提上瞼筋膜。即改善 Y 軸縱向垂直的眼睛大小。
- 肉毒桿菌注射：注射眼周眼輪匝肌，放大眼睛。

注意事項：

- 偏好：對大又明顯誇張的雙眼皮比較喜愛。
- 年齡：比較適合年輕或輕熟齡的朋友，小於 40 歲較佳。
- 恢復期：較傳統的手術方式慢一些，一個月消腫大約七到九成，有些體質狀況會到 3 至 6 個月。
- 體質條件：疤痕與易腫脹體質的詳細評估。
- 素顏：往往在素顏狀態下，雙眼皮還是很明顯。
- 整體：手術處理的是雙眼皮，亦即混血的是瞳，而不是整體臉型改造成外國人！如果五官太圓潤不夠立體，眼眶骨不夠大，鼻子不夠挺，開完整體看起來是否真的像混血兒，還需要其他客觀條件的配合。
- 費用：比傳統的雙眼皮手術貴一倍左右。
- 再次修正：比傳統雙眼皮手術難度高一些。

「混血瞳」雙眼皮手術，是一種雙眼皮比較極端的手術方式，有一定的小眾（也許已經變成大眾）喜愛與接受這種美麗的方式。美也包涵了真與善，美麗的前提還是要真

正充分了解自己的喜好、體質、腫脹疤痕、手術需要注意的要點、和帶來的結果，避免術後無法接受或和預期有落差等負面的狀況產生。提醒愛美人士，開心的迎接美麗、也要小心的避免哀愁呦。

13. 如何判別眼袋與其他眼下凸出物？

眼袋：主要由下眼窩脂肪構成，一般不會隨著晝夜有變化的現象，可以用手指腹隔著上眼皮壓迫眼球，如果下眼皮有隆起的現象，而位置就是你泡泡眼的位置，那就可以斷定你有眼袋的現象。

浮腫：可能是前一晚水喝太多、鹽分攝取過多、或是有腎臟相關病變的人比較會有。一般上下眼皮都會泡泡的，而且會有晝夜的變化，即早上比較泡，到了下午會比較改善。

血腫：一般有手術或是外傷的病史，主要是皮下的出血或是血塊所造成的腫脹，皮膚表面會呈現淡黃色或紅紫瘀青的現象。

臥蠶：是指下睫毛下側的眼輪扎肌肥厚部分，條狀的很像倒臥的蠶寶寶，並非眼袋的脂肪，所以位置不同。一般是在下眼瞼睫毛的下方，眼袋位置的上方，與眼袋之間隔著淚眼溝。做微笑的表情的時候會比較明顯的表現出臥蠶的現象。

結論 · *Conclusions*

　　怎樣的眼周美容醫學治療才能有好看迷人的靈魂之窗？這個問題，見仁見智。但是跟美感有很大的關係，尤其是個人主觀的美感與執刀醫師客觀的美感。美如何去定義？可以簡單的以看起來舒服、愉悅、讓人賞心悅目等等很主觀的視覺感受來定義；或是從均衡、和諧、與功能上符合美的形式來切入。不管如何，都依賴您事先與您的皮膚美容外科專科醫師做充分諮詢溝通了！

About the Author

黃耀立 │ 長庚醫院 桃園皮膚科主任
　　　　　長庚診所 美容醫學科主任

學歷：林口總院 桃園美容醫學中心　前主任
　　　長庚大學 醫學院醫學系　助理教授
　　　長庚技術學院 化妝品應用系　助理教授

編者叮嚀：

1. 依年齡外觀選擇不同的手術方式。原則上以保守為原則，避免產生併發症如：眼皮過度凹陷、不對稱、眼瞼外翻等。
2. 內眼角整形手術（開眼頭）必須審慎評估，避免留下明顯疤痕。

隆鼻手術

　　鼻子位於我們面部中心位置，與兩眼構成黃金三角，對於一個人的外在上扮演著相當重要的角色。只是東方人種的鼻樑普遍不如西方人來得高挺，所以為了追求立體的鼻型，「隆鼻」在東方美容醫學當中始終是詢問度相當高的項目，甚至在人氣上與雙眼皮手術並列整形項目的的前兩名。

一、何謂隆鼻

　　談到隆鼻先了解我們鼻子的組成，我們的鼻外觀主要分成：鼻根（山根）、鼻背、鼻尖、鼻翼及鼻柱所；而構造則為包覆的皮膚組織、軟骨及硬骨……等所組成，鼻軟骨和硬骨如何區分？簡單的分辨方法為手指輕壓鼻頭左右搖晃，會移動的組織就是軟骨組織，不會動的組織就是硬骨組織。所以上述提到的各種隆鼻方式，簡單來說像注射及埋線是填充於皮下，微創假體隆鼻是置入於骨膜下，而較複雜的開放式隆鼻則是切開鼻中柱，掀開鼻頭與鼻翼，直接進行內部軟

骨組織的調整並合併假體或自體其他部位軟骨組織來重塑。

二、適應症

　　山根與鼻背高度不足、結構性歪鼻、鷹勾鼻、駝峰鼻、朝天鼻等。

三、治療的方法原理與種類

1. 注射填充塑鼻

　　採用微整形針劑（例如：玻尿酸、微晶瓷……等材料）透過針頭注射的方式，施打進入鼻部皮下空間，用以填補山根與鼻背的高度。此方式的特點是快速便利且效果自然，缺點則為僅單純增加些微高度，無法全面性調整鼻型。

2. 埋線塑鼻

　　以醫療線材埋入皮下組織，猶如蓋大樓的鋼筋般來撐起我們的山根、鼻樑及鼻頭，讓鼻型較有立體感。此方式的特點是快速方便，缺點則和微整形注射一樣，無法全面性調整鼻型。

　　微創式假體隆鼻是於鼻孔內開個小孔，剝離出空間後

直接置入 I 型鼻模，鼻模有傳統矽膠、卡麥拉鼻模及 bistool 鼻模可選擇，並固定於骨膜下方，達到鼻樑高挺的視覺效果，手術時間短與術後期短也是它的一大特性。只是這手術方式還是有一些先天上條件的限制，像是如果有駝峰、鼻結、歪鼻……等硬結構的問題，就較不適合這種隆鼻方式，且對於鼻頭的改善不大，尤其是鼻頭肉較飽滿的鼻型。

3. 開放式隆鼻

開放式隆鼻一般又稱為韓式隆鼻，其手術方式是於鼻中柱切口，翻起鼻頭與鼻翼，完整露出鼻腔組織，並透過手術方式直接調整軟骨，或是重塑基底，並輔以人工鼻模、人工鼻骨、自體軟骨……等材料來依造個人條件及需求全面性的鼻部整形。甚至是：結構性歪鼻、鷹勾鼻、駝峰鼻、朝天鼻……等較複雜的鼻整形也可以透過開放式隆鼻手術來調整，所以其優點為可針對各種疑難雜症鼻型來改善，但缺點就可能是來自於它「開放式」一詞，容易讓人心生畏懼聞之卻步，且術後恢復期較長。

上述這幾種目前常見的隆鼻塑鼻方式，其各自有它的技術優點及缺點，也有各自適合的族群，建議可以先與專業醫師先進行面對面的溝通，由醫師於詳細了解需求後給予較適當的建議。

方式	原理	材料	恢復期	維持性
注射填充塑鼻	微整形注射填充體積	玻尿酸等適合的注射針劑	約數天	約數個月
埋線塑鼻	侵入式埋線支架式塑形	手術級醫療線材	約數天	約數個月
微創式假體隆鼻	鼻孔內側開口置入鼻模	I 型假體鼻模	約數天	數年至永久
開放式隆鼻	鼻中柱切開露出完整鼻腔，直接進行軟骨調整與重塑。	全自體軟骨或和合併假體鼻模	約 1 至 3 個月不等	永久

四、常見問題 Q & A

1. 外面這麼多人工鼻模的材料，該如何選擇？

選擇材質確實是很複雜的問題，所以還是交由專業醫師評估後給予最合適的建議，因為不管是軟矽膠、卡麥拉或是 Gore-Tex……等，它都有各自適合的隆鼻條件。

2. 開放式隆鼻手術是全身麻醉還是局部麻醉呢？

　　開放式隆鼻手術可以採用局部麻醉，也可以選擇舒眠麻醉或全身麻醉。

3. 開放式隆鼻術後鼻模會移動嗎？能做豬鼻子嗎？

　　隆鼻手術的鼻模置放位置，一般都是放在骨膜下，因為骨膜是相當強韌的組織，所以只要置放精準，鼻模是可以穩固不動的；至於能否做豬鼻子動作，這則牽涉到所採用的隆鼻術式，有的可以有的不行。

4. 隆鼻手術後為什麼不能戴眼鏡？

　　因為眼鏡鏡框容易壓迫鼻樑，所以不小心很容易造成鼻模移位、或術後部位的變形。所以隆鼻醫師一般都會建議不管採用怎樣的隆鼻方式，術後數周內都會禁止配戴眼鏡。

結論 · *Conclusions*

　　在隆鼻諮詢時，最常遇到民眾拿著一張明星或是名人的照片來問我說：「楊醫師，我可以整得和她一模一樣的鼻子嗎？我好喜歡這種鼻子……」其實我都會跟民眾說，她的鼻子好看，是她的鼻型剛好符合她的臉型、五官、甚至是個

性，整體搭起來會讓人覺得這鼻子舒服、自然，但她的鼻子放在你的臉上，卻不一定是最適合自己的。

　　隆鼻手術術後最怕遇到的是，術後的成果不能符合民眾的術前期待，或是對於美感上醫師與民眾有著審美主觀上的落差，因為術後鼻子的穩定性與一昧追求想要的高度線條，常常就像拔河般的互相拉扯，所以術前的溝通在這時就顯得相當重要，這也是我相當重視術前溝通的原因。

　　當民眾有隆鼻手術的需求，於術前溝通時我們當然會尊重每個人的喜好，聆聽需要，並在個人的天生條件下，例如：鼻部皮膚的厚薄、鼻中膈的本體條件、鼻頭、鼻翼……等，從專業面與經驗面給予較適合自己的鼻型建議，因為最適合自己的鼻子對於隆鼻醫師來說才是最好看的鼻子。良好的術前溝通，會讓手術更加順利，術後的成果更貼近雙方的期待，這樣就是一台成功的隆鼻手術。

About the Author

楊弘旭 | 101skin 晶漾皮膚科診所院長

學歷：臺大醫學士
　　　臺北醫學院臨床醫學研究所碩士
　　　南方醫科大學整形外科博士
　　　臺灣皮膚美容外科醫學會理事
　　　形體美容外科醫學會理事長

編者叮嚀：

1. 隆鼻避免過高過長，以避免鼻尖皮膚壓迫變薄產生穿孔，最後形成疤痕。

2. 隆鼻的植入體在鼻根處必須固定在骨膜下，以免左右晃動。

拉皮手術

　　拉皮手術（又稱面部提升手術）是一個古老重要的皮膚外科手術。隨著隨著年齡的增長，人人都渴望有張青春不老的面龐。然而隨著老化過程，軟組織與硬組織的流失，加上重力作用，表現皮膚向下鬆垂與紋路增加現象。拉皮手術即是解決上述問題的手術方式。多年以來，多種手術方式被醫師們提出來過，也確實改善了不少人的生活品質與信心。自何時開始有此類手術其實並不清楚，但不論古今中外，自遠古時期起，人們即不斷追求與探究永保青春的方法。

一、何謂拉皮手術

　　在正式探討拉皮手術前，宜先探討面部提升術的近親面部皮瓣手術。以臨床醫師的觀點，面部皮瓣手術其實是面部提升術的基礎術式。皮膚外科醫師常面臨臉部皮膚癌切除後重建的難題。面部皮膚癌切除後，存留的缺陷，必須靠醫師將切除後的創緣縫合。由於切除後所剩皮膚面積較原本減少，醫師必須另外精心設計切口，將缺陷關起來。此時皮膚

癌側的臉部，因為皮膚被切小後因而拉緊，及產生了拉皮的效果。當缺陷很大時，單純皮膚切除往往仍然無法將傷口關閉，必須將其缺陷附近的筋膜層拉近，拉緊，儘可能縮小缺口大小之後，再設計皮瓣，關閉傷口；因此，面部皮膚癌手術，可說是拉皮手術的奠基手術。

二、適應症

臉部組織鬆弛及下垂。

三、治療的方法原理與種類

1. 單純皮下切開面部提升術

本術式可說是最經典早期的拉皮手術，就真的靠廣泛的皮下切開，在不進入筋膜層得前提之下，往上拉動皮膚，將其拉緊後，切除多餘皮膚後縫合。為增進美觀使傷口能隱藏起來，由上而下其切口多沿著臉部的外周圍行走（自顳部頭皮往下走行於鬢角或沿鬢角緣，向後走行於方耳根部，順著耳屏或耳屏前往下繞著耳垂與下頜交界向後並向下走行，接著自耳垂繞至耳背中點，向後走入髮內隱藏傷口）。當切口完成後，便須向前與向下做皮下剝離。原則上皮下都屬快速分離區，有些醫師使用手術刀直接切開作銳性分離；有部

分醫師使用頭皮剪做頓性分離。分離範圍各方見解亦不同。由於拉皮手術對面部施加向上與向後兩個方向的力量將面部拉起拉緊，於中臉部，最好能使得拉起後的外觀，對於位於鼻唇溝的法令紋，有向上拉動減輕垂墜紋路的效果，因此，有些醫師主張向前宜分離至法令紋附近，有部分醫師認為分離至以耳屏為圓心，向前方向下 7 公分處即可。

至於往下頸部走行於皮下，常於近下頜處遇到頸闊肌；將頸闊肌連同其上皮膚向後。相關組織向上拉起後，剪除多餘皮膚，用吸收線或不吸收線，做皮內與表層皮膚之縫合。

2. 筋膜折疊面部提升術

本術式是面部提升術中，相對安全，效果亦屬優越之手術方式。本術式前半段步驟與單純皮下切開面部提升術相同，所差異者係於皮下分離後，將其下方之肌肉筋膜（簡稱 SMAS，見下方 Q&A 介紹），如褥式縫合一般，將筋膜摺疊靠近縫緊。筋膜縫緊後其上方的皮膚會自然重疊，將重疊之皮膚剪除後，依照單純皮下切開面部提升術方式縫合皮膚即完成。

與單純皮下切開面部提升術相比，本術式將大部分於單純皮下切開面部提升術皮膚所需承受的張力，一部分由筋膜承受，筋膜因拉緊連帶使皮膚靠近，使得皮膚不再直接與完全地乘載張力，較接近於無張力或減張力縫合，且不需將筋

膜切開甚至將筋膜剝離開來，大大地減低術後併發症，尤其是顏面神經受損之併發症機會，為受歡迎的術式之一。

3. 筋膜切開面部提升術

　　皮下切開面部提升術與筋膜摺疊面部提升術雖蓬勃地發展，解剖學的進展，發現了面部支持結構—顏面部韌帶持系統，並出現了筋膜切開面部提升術。這些面部支持韌帶自下方骨緣向上穿過顏面表情肌、穿過 SMAS 筋膜層，連結於皮膚者，稱為真性韌帶；而並非源自骨膜，由肌膜或筋膜與皮膚相連者稱為假性韌帶。雖然顏面部支持韌帶被人為分為這兩類，但其名稱尚未完全統一，甚至其走向與確實位置仍存有爭議。原則上真性韌帶分布於眼眶骨周圍、顴骨與下頜骨位置。而假性韌帶則較複雜，過去長久以來最重要的假性韌帶分布於咬肌前緣，然而隨著面部表淺脂肪群的發現，面部表淺脂肪群並非整片均勻地分布，而是由緻密的軟組織分成一區一區，這些緻密的區域被認為是假性韌帶的分布位置。筋膜切開面部提升術的擁護者認為，這些支持韌帶限制了面部提升術中，筋膜能提升走行的距離，因此必須將其鬆解，SMAS 筋膜才可儘量往上拉起復位。為達成鬆解這些韌帶，必須將SMAS筋膜切開，整片翻起，往上往後拉起後，剪除重疊筋膜或是將其游離緣與重疊側筋膜並排，使用吸收

或不可吸收線縫合筋膜後，再依單純皮下切開面部提升術方式，縫合皮膚。

本術式曾經被認為是面部提升術最終極的解決之道，而在學理上也可行，甚至，為標榜能更完全地剝離翻起筋膜，筋膜切開位置自頰部不斷上移，上移至顴骨弓附近者，有醫師將之稱為高位筋膜切開面部提升術。筋膜切開面部提升術由於需將 SMAS 筋膜切開，而 SMAS 筋膜下方重要而危險的結構即是顏面神經。

顏面神經自外耳道下緣往表淺穿出後，走行至腮腺下方與腮腺內往前分為五大分支，此五支呈放射狀，自顳部至上頸部分佈。當分支們離開腮腺，即緊貼於 SMAS 下緣空腔走行，並分出分支往深面支配顏面表情肌。因此，當 SMAS 筋膜被切開翻起，至翻開超過腮腺處後，便失去腮腺的屏障，暴露於分離層次之內，而身陷於受損風險之中。

另外，考慮老化原因中，軟組織萎縮下垂是主因，拉皮手術中宜儘量保留軟組織；如將重疊筋膜切除後縫合，與此精神不合；如僅切開不切除，將之重疊縫合，雖然沒有軟組織損耗，然而與行多重折疊的筋膜摺疊面部提升術有異曲同工之妙。甚至，高位筋膜切開面部提升術有部分解剖家並不推崇，認為接近顴骨弓之顏面神經走行層次變異甚大而難以掌握。

4. 新近少創或微創的手術與治療

　　近年來，追求恢復期短或微創少疤的手術或治療日漸風行。面部提升術也發展出新的方式。短疤懸吊縫合術（Short scar facelift）是近年來頗受青睞的術式。短疤懸吊縫合術與單純皮下切開面部提升術或筋膜折疊面部提升術類似或者說，介於兩者之間。其步驟前半段類似單純皮下切開面部提升術，然而疤痕儘量僅沿耳朵周圍，而不做廣泛如單純皮下切開面部提升術之廣泛皮下分離；也不像單純皮下切開面部提升術完全不處理 SMAS 筋膜。它也不像筋膜摺疊面部提升術一樣將 SMAS 筋膜以摺疊方式縫合拉緊。它使用繡荷包方式，利用 2 至 3 個縫合迴圈，像縫束袋口一般，將 SMAS 筋膜縫緊，之後再剪除多餘皮膚後縫合。

　　縫線拉提，俗稱線雕拉皮，其侵入性又更加地低。其係利用埋藏於皮下或筋膜層之倒鉤線，向上拉起拉緊皮膚與其下方軟組織之後剪除餘線。本方式也可於拉緊線材後配合修除贅皮，或配合上述任何一種方法實施。

四、常見問題 Q & A

1. 面部提升手術的治療思維及其演變史？

　　文獻上較完整描述拉皮手術者，據信可追溯至上世紀初於美國皮膚科學雜誌 Hollander 所發表者。儘管早期皮膚

科醫師對面部提升術有不少著墨，但當時多只著重於鬆垂皮膚的拉緊、切除並縫合。並於局部麻醉下完成；隨著經驗發展，皮下分離範圍益加廣泛。之後隨著解剖學的發展，發現皮下分離後將其下的筋膜層—一般稱為表淺肌肉腱膜系統（SMAS, superficial musculoaponeurosis system）單純上提縫緊而不作與下方韌帶軟組織分離，即—筋膜層摺疊術（SMAS plication），即可有顯著的上提效果。在二次世界大戰後，隨著更精細的次專科發展，整形外科醫師認為單純只著重於皮下單層分離後，切除鬆垂多餘皮膚，有所不足，憑藉處理外傷與槍傷的經驗，漸漸地分離提升的層次更往下層走；分離層次擴展至皮膚層以下的表淺肌肉腱膜系統，並提出其實不需做過廣的皮下分離，如果將走行於皮膚下層的表淺肌肉腱膜系統切開與下方韌帶及軟組織切開提升緊後縫合，即可促使表面皮膚跟著提升。使得面部提升術的分離自廣轉深的發展，此後風起雲湧，百家爭鳴，表淺肌肉腱膜系統於面部切開的位置與顴骨弓高低相對位置，又再分為標準的筋膜切開面部提升術（SMAS-ectomy）與高位筋膜切開面部提升術（High SMAS-ectomy facelift）。不論是將此系統與更下層肌膜切開分離上提或僅施以懸吊縫合，都必須再將其上層多餘皮膚切除方能達成緊膚除皺之目的。時至今日，這些種傳統方式仍然各有專長，彼此優劣仍難論斷，而嶄新微創的方式也不斷地被發展出來。

結論 · *Conclusions*

　　拉皮手術是一重要的皮膚外科手術，皮膚外科醫師應用皮膚癌切除後重建之經驗，能提供求美者對於外觀年輕化的需求。拉皮手術僅只是回春方法其中之一，使用肉毒桿菌素，填充劑如玻尿酸、微晶瓷或聚左旋乳酸等；甚至使用如雷射脈衝光、電波音波等能量儀器，也能有不等程度的回春效果。手術拉皮仍然為想要有效而明顯回春方式之中，最強而有力之方法。

　　時至今日，各種手術方式均各有專長，也各有擁護者。單純皮下切開面部提升術並未被完全屏棄，相反地，一部份醫師認為其真正能提升的距離最遠最長；而筋膜切開面部提升術的支持者質疑其他方式的效果與持久度。微創手術及縫線拉提雖然傷口較小但反之效果也有其限制。如今其門派各立，各有優缺，醫師仍應熟悉各法差異，依照自己經驗習慣，與求美者溝通治療方式，方為上策。

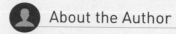 About the Author

許修誠 │ 彰化基督教醫院皮膚外科主任兼
皮膚部副部主任

學歷：彰化基督教醫院皮膚部主治醫師
臺北／林口長庚醫院皮膚科主治醫師

編者叮嚀：

1. 拉皮手術仍是最有效的治療皮膚老化、鬆弛、下垂的方式。
2. 拉皮手術方式很多，目前以微創或內視鏡拉皮較流行；且術後恢復較快，疤痕較小。但效果仍比傳統拉皮手術略差一些。
3. 拉皮手術雖然效果佳，但仍然有較多的併發症。建議在 50 歲以前可以先考慮較非侵入性的方式，如電波或音波拉皮。

狐臭手術

比較強的效果通常得經過較強的破壞，但所謂的付出代價，不僅是費用而已，也得了解治療及修復的過程及時間。在討論效果之前，需要先粗略了解狐臭的構成原因才能知道如何選擇適合自己的治療方式。

一、何謂狐臭治療

簡單來說，身體某些地方（例如腋下）有一些較為特殊的汗腺，稱之頂漿汗腺（apocrine sweat glands）。這類的汗線所產生的汗，乾掉之後會有些黃黃的而且略為黏稠，因此跟身體廣泛存在的汗（水水的且近乎透明）不太一樣。這類的汗之所以會有這些特徵，是因為裡面含有豐富的氨基酸等物質。而這類的氨基酸，是某些常駐皮膚的細菌所喜好的食物。這頂漿汗腺所分泌的汗經過細菌之分解後，就會有一種特殊的氣味，也就是俗稱的狐臭。

目前治療狐臭的方式可透過「過程的阻斷」或「結構的破壞」這兩種方式。當然，越強的破壞，治療的效果就

會更好；但是，破壞越強，疼痛感通常會更顯著且修復的時間通常也比較長。所以要選擇哪一種治療，得先弄清楚自己願意「付出多少代價」。

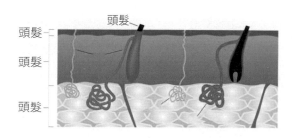

頭髮

頭髮

頭髮

頭髮

■ 圖 1　減低狐臭得以抑制頂漿腺分泌甚至直接破壞頂漿腺才會有較為顯著且持久的療效。（橋締股份有限公司提供）

二、適應症

狐臭屬於家族性遺傳之疾患，患者通常青春期之前就已經開始症狀出現。粗略來說，青少年期間較適合非侵入性或微創性的治療。成年人則可在加上破壞性較強的手術性治療。

治療禁忌症：有蟹足腫體質、有內科疾患包括凝血疾患等或有在服用藥物者則為相對禁忌。肉毒桿菌素注射禁忌症可參考其他章節，在此不再贅述。

三、治療的方法原理與種類

● 汗流出到表皮之後，經過表皮細菌的分解就會有異味。此「過程的阻斷」可以藉由細菌的抑制達到細菌的減少而減少異味，問題是在一旦治療過後，細菌就會再慢慢長回來，以致此做法的效果維持不久。另外一個方式可以用「肉毒桿菌素」來抑制汗腺的功能讓其不出汗；以這個方式，效果可以維持 4~6 個月才會慢慢減少。

● 目前「結構的破壞」的方法有很多種；大略可依照破壞的程度來做討論。比較溫和的方式可用雷射伸入皮下做組織加熱破壞，更強的可用微波聚焦在皮下做破壞，更甚可用刀或其他刮除工具將皮下組織刮出。

四、常見問題 Q & A

1. 各治療的好處、壞處及嚴重的副作用及風險？

● **肉毒桿菌素：**就以近乎非侵入性的方式來說，它的效果確實是很不錯的，因為肉毒桿菌素可阻礙汗腺接受流汗訊號的過程，因此治療區域近乎完全不會流汗。只要每半年左右接受注射一次就可以近乎完全阻礙汗水分泌進而喝止狐臭的產生。另外，它除了減低頂漿腺分泌及狐臭之外，也可減少普通汗腺的功能，所以治療有效期間內腋下會不容易潮濕

或有汗漬。

　　肉毒桿菌素過敏的機會很低，但因為狐臭治療所需的肉毒桿菌素劑量較高，所以某些劑型反覆治療後有可能後續產生抗體而成效變差。雖然不常見，但若有疑慮時可選用較不易產生抗體的肉毒桿菌素劑型。

　　● **雷射溶脂：**此方式比肉毒桿菌素較為侵入，但也只有2~3 個 2mm 左右的小傷口而已。不過最近有研究顯示，成效不如其他較侵入性的治療方式。治療方式是局部麻醉後以雷射光纖伸入皮下，並由雷射加熱並破壞皮下組織。因為雷射並沒有特別針對汗腺去破壞反而是無差別式的加熱，因此治療的風險在於過度治療，導致皮膚灼傷。因此治療的效果及安全性會較需考量操作醫師的經驗值。

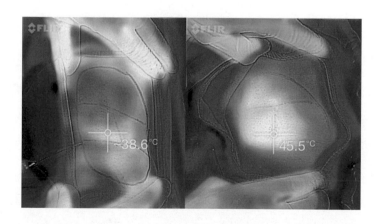

■ 圖 2-1　皮下光纖雷射應使用表皮溫度監測來避免過度加熱產生燒傷。（石博宇醫師提供）

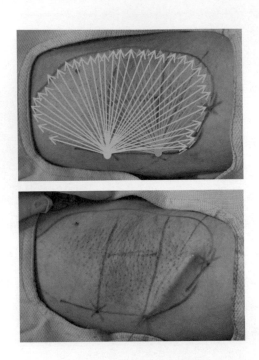

■ 圖 2-2　皮下光纖雷射以扇形無差別式的熱能破壞以破壞皮下組織。（石博宇醫師提供）

● **微波加熱**：此方式雷同雷射溶脂，也是藉由加熱破壞組織，麻醉方式也是局部麻醉即可。因為探頭是靠在表皮上激發再藉由多光束的聚焦來破壞皮下組織，因此除了注射麻醉的針孔之外，不需要另外的開口，也因此比雷射溶脂再更非侵入一些。早期處理的方式其療效與雷射類似；目前有新的操作方式或可提高效果。

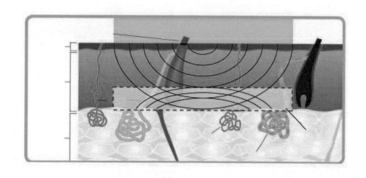

■ 圖 3　微波加熱是以貼近表皮探頭激發微波光束並以聚焦的方式破壞皮下組織，屬於無差別式熱能破壞，探頭上附有冷卻機制以減少燙傷之機會。（橋締股份有限公司提供）

- **手術刮除：**目前最有效的治療方式即是手術刮除，而最常用的術式之一是使用旋轉刀來輔助刮除的動作。此治療方式需要開一至兩個傷口，各約 1.5 公分以內，並藉此伸入旋轉刀的器械。器械的末端有一個會旋轉的鋒利刀片。

治療乃藉由組織吸附並刮除而達到頂漿腺的移除。須注意的是，這破壞一樣是沒有特別針對性，因此皮下組織會有徹底的破壞。破壞之後，表皮真皮會與皮下分離，因此需要快速重新建立血流以確保表皮真皮的存活，所以需要使用組織膠或做外固定加速黏著修復。

見下頁圖。

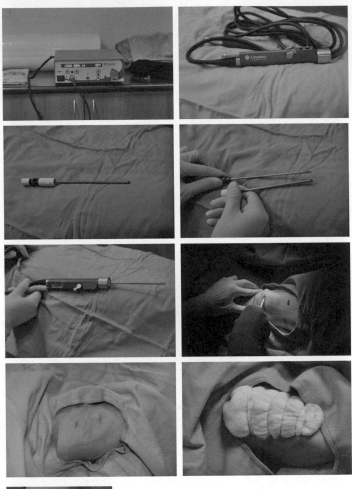

■ 圖 4　刮除術是局部膨脹式麻醉後利用旋轉刀等微創式或開放式手術將皮下組織刮除。因為所造成之物理性破壞較強，因此需要縫合及做組織固定。固定方式可選用傳統外固定或組織膠黏附等。（石博宇醫師提供）

	肉毒桿菌素	光纖雷射治療	微波治療	旋轉刀頂漿腺刮除術	傳統頂漿腺刮除術
效果維持	約 6 個月	數月至數年	數月至數年	數年	數年
麻醉方式	局部外用	局部注射	局部注射	局部注射	局部注射
手術時間	+	++	+++	++++	+++
傷口大小	注射肉毒桿菌素之針孔	伸入光纖之開口約0.3cm（無需縫合）+注射麻醉之針孔	注射麻醉之針孔	1.5cm 以內（需縫合）	1.5cm 以上（需縫合）
出血情況	無	幾乎無出血	幾乎無出血	出血量少	出血量較多
恢復期	無	+	+	++／+++	++++
術後傷疤	無	無傷疤（除非燙傷）	無傷疤（除非燙傷）	小傷口，時有硬塊	傷口長，有傷疤，常有硬塊

2. 治療本身有何需要特別去注意的？

● **治療所需的麻醉之相關風險**：狐臭治療大多以局部的治療為主，因此麻醉建議使用局部外用或局部注射為主。雖然全身麻醉的舒適度較高，但因為麻醉出問題的機率高很多且出問題時的嚴重度也高很多，因此強烈建議應該選擇局部麻醉為佳。局部麻醉的風險大多以過敏為主；除非有對麻醉劑過敏，否則不易有嚴重問題。

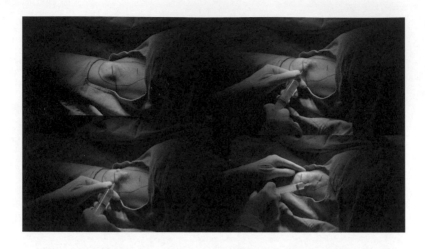

■ 圖5　局部麻醉的大略過程：標示完成並確實消毒後進行局部的麻醉劑注射；依照術式的不同可能有些許注射需求之差異。（石博宇醫師提供）

● **治療本身的相關風險**：治療本身的相關風險依照治療破壞力而有些許差異。

　　肉毒桿菌素的治療單純為抑制作用（沒有破壞力），因此除了對針劑過敏及效果不彰之外並無特別風險。

　　光纖及微波以局部麻醉後再進行加熱性無差別組織破壞，因此會麻醉注射後造成的瘀血或局部腫脹／腫塊及有傷口感染及燙傷的疑慮。若表皮有較為強烈的傷害，也可能留下色素沉積或上述之燙傷而導致疤痕的機會就會增加許多。治療部位的局部疼痛或表皮觸覺異常是相對常見之後遺症，通常幾周至幾個月就會改善。微波治療因經由吸附之過程因

此也比較可能腫脹或發紅。另外,若表皮有刮除術因為藉由物理性破壞,對組織的破壞力較強,因此修復時間較久且疼痛感較為明顯,也較容易有疤痕的產生。局部表皮觸覺異常多少都會發生,也會需要數周至數月的時間慢慢改善。若破壞較為強烈時,可能導致更深部的神經之破壞,此時有可能導致手臂之無力感等問題,所幸這種情況很少見。

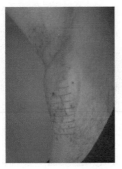

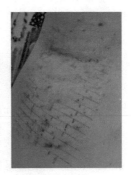

治療後 24 小時出現的典型腫脹　　治療後 3 天出現腫塊　　注射造成瘀青

■ 圖 6　微波治療後常見之反應。（橋締股份有限公司提供）

3. 有關治療的其他考量?

(1) 無菌操作。不論是肉毒桿菌素或光纖／微波或各式刮除術,都有細菌或其他感染之可能性。在接受治療前,請確認操作環境及操作醫師是否有足夠的消毒及無菌操作防護。治療期間或治療後一旦有任何不適,務必立即與醫師討論。

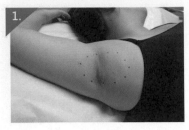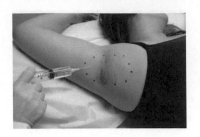

以點狀注射進行微波前局部麻醉　　　運用扇形射法進行局部麻醉
　　或肉毒桿菌素注射

■ 圖7　肉毒桿菌素注射／微波治療（橋締股份有限公司提供）

■ 圖8　刮除術及皮下光纖雷射都屬於較為越侵入性之治療方式，
　　越需要更注意全程無菌操作。表面溫度檢測除了紅外線監測（見
　　圖2-1）也可使用非接觸性的溫度計測量。（石博宇醫師提供）

　　(2) 有一種檢查稱之「澱粉／碘試驗」，可作為流汗多
寡之檢查方法。澱粉及碘的試劑在接觸汗水之後會呈現紫色
的變化（越多汗則顏色越深）。術前及術後施作比較即可粗
略看出止汗治療之成效。問題是它並未特別針對頂漿腺的檢

查，也因此對於狐臭氣味的嚴重度沒有絕對鑑別度，僅可做為整體流汗的參考而已。

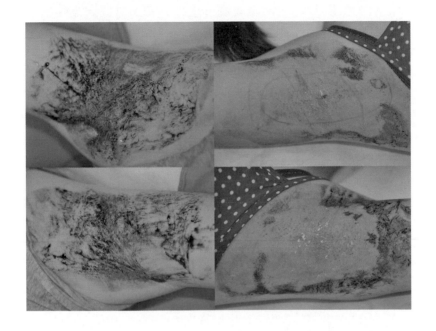

■ 圖 9　此狐臭患者接受光纖雷射術前及術後在雙側腋下都接受了澱粉／碘試驗，可發現接受治療的區域其流汗的情況改善許多；回診檢查時患者自訴狐臭也已改善不少。（石博宇醫師提供）

結論 · *Conclusions*

　　目前針對狐臭的治療有許多選擇，各有其好處及限制。大略來說，破壞性越強的治療效果越好，但反之副作用越多或越為疼痛。因狐臭的頂漿腺組織及細菌不易完全消滅，因此不論何種治療，都有多或少的復發機率，因此治療前應與皮膚外科醫師做充分的溝通及討論，才能找到最適合患者需求的治療方式。

 About the Author

石博宇 | 保順聯合診所副院長
臺北醫學大學萬芳醫院皮膚雷射
美容中心主治醫師

學歷：臺北醫學大學醫學系
資歷：台灣皮膚暨美容外科醫學會秘書長
臺北醫學大學萬芳醫院皮膚科主治醫師
林口、臺北長庚紀念醫院皮膚科住院醫師、總醫師

編者叮嚀：

1. 狐臭手術雖然是相當安全的手術，但如果施術不當仍可能產生嚴重的併發症。如皮膚壞死及攣縮性疤痕。

2. 狐臭手術的方式種類很多，必須與醫師充分討論溝通，選擇最適當的手術方式。

3. 如果臨床症狀輕微或正值青春期，可以考慮先使用保守內科或非侵入性治療。如止汗除臭劑、肉毒桿菌素、微波等。

抽脂手術

　　根據台灣整形外科醫學會以及美國美容整形外科醫學會統計，抽脂手術是最常被施行的美容外科手術前三名，也常合併其他的美容外科手術：包括腹部拉皮手術、切皮手術、臉部或頸部拉皮手術、自體脂肪移植手術、隆乳手術、男性女乳症手術等，達到曲線美化的效果。抽脂手術僅能針對皮下脂肪的移除，對於深層的內臟脂肪，並沒有改善的效果。

一、何謂抽脂手術

　　抽脂手術（liposuction）是一種移除皮下脂肪的外科手術，同時也可以雕塑線條。針對特定部位、無法靠節食與運動減少的頑固脂肪，抽脂手術是一種改善外觀的手術，但絕對不是一種減重的手術。如果有病態性肥胖、代謝症候群等狀況，建議病患諮詢專門的減重醫師，考慮內科和外科的方式治療。

　　當體重增加時，脂肪細胞的大小和體積皆增加，抽脂手術移除的是該部位的脂肪數目，需要移除的脂肪量，取決於該部位的曲線外觀以及脂肪厚度。抽脂手術改善的外觀，只

要體重維持恆定，手術效果通常是永久的。

　　抽脂手術後，正常彈性的皮膚會回彈，因此外觀的皮膚線條是柔順的，不過，如果皮膚的彈性過差，抽脂手術後，會有皺摺、凹凸不平的狀況產生。通常，抽脂手術無法改善橘皮組織，或是原本已存在的皮膚凹凸不平，也無法移除生長紋、妊娠紋、肥胖紋等原本已有的紋路。

二、適應症

　　接受抽脂手術的病患，必須是一般健康情況良好的人，包括：沒有心臟血管問題、糖尿病、或是免疫力下降。

　　抽脂手術適用於脂肪容易堆積部位，從臉部、頸部、胸部脂肪堆積（包含男性女乳症、副乳的脂肪部分）、手臂、腹部、背部、臀部（包括：馬鞍部）、大腿、膝蓋、小腿、腳踝等位置，皆可以考慮抽脂手術。抽出來的脂肪，可以同時進行自體脂肪豐臉、豐胸、豐臀（Brazilian buttock lift）等手術。

三、治療的方法原理與種類

1. 傳統抽脂（tumescent liposuction）

　　傳統抽脂是最常被使用的抽脂手術術式，注射膨脹式麻

醉劑，內含生理食鹽水、麻醉藥（利多卡因 lidocaine）、
血管收縮劑（腎上腺素 epinephrine），使用針筒真空負壓
抽脂法（manual syringe liposuction），或是負壓馬達抽脂
（suction-assisted liposuction），將脂肪組織吸出體外。針
筒真空負壓抽脂法可以用於小範圍的抽脂手術，適合同時合
併自體脂肪豐臉。

2. 動力抽脂（power-assisted liposuction, PAL）

使用螺旋、震動或機械活塞式運動的抽吸管，來節省
醫師在抽脂手術時，手臂前後擺盪用力。缺點是在抽吸過程
中，容易造成相對較大、不均勻的隧道和空洞，而引起血腫。

3. 雷射抽脂（laser-assisted liposuction, LAL）

常用的雷射溶脂之雷射波長包括 980 奈米（nanometer,
nm）、1064 奈米、1320 奈米、1440 奈米等，原理為使用
雷射光纖探針，深入脂肪組織，產生光震波效應與光熱效
應，使脂肪細胞膜破裂，同時有止血及皮膚緊實的作用，比
較適用於小範圍的溶脂。新一代的 1470 奈米波長雷射，有
360 度環狀釋放雷射能量，把脂肪細胞半液體化，除了溶脂
與皮膚緊實，同時合併自體脂肪移植手術，被認為可以增加
自體脂肪存活率。

4. 水刀抽脂（water-assisted liposuction, WAL）

　　水刀抽脂運用機器設備先灌注膨脹式麻醉劑，進行脂肪剝離，然後進行脂肪抽吸，相對其它抽脂手術方式，對於血管和神經的傷害較小。可以使用無菌的集脂筒，使用沈澱過濾法，同時進行自體脂肪的收集，取出的脂肪大小為直徑700-900微米（micrometer, μm），可以於同一次的抽脂手術，進行自體脂肪豐臉、豐胸、與豐臀。

5. 超音波抽脂（ultrasound-assisted liposuction, UAL）

　　超音波抽脂，原理為藉由超音波所產生的空穴效應，達到物理震盪，用其產生的能量破壞脂肪細胞，使脂肪細胞乳糜化，再配合負壓吸引器來抽取脂肪，但因為傳統的超音波抽脂手術當中，必須不停地移動探頭、注意探頭的溫度，使用不慎時，容易造成燒燙傷和皮膚的壞死。新一代的超音波抽脂，名為威塑抽脂（vibration amplification of sound energy at resonance, VASER），特點在於超音波頻率固定在 36,000 赫茲上下，使用鈦金屬探針，由於輸出功率穩定，對於神經、血管，以及皮膚彈性纖維傷害也就減少很多，同時可以進行曲線雕塑的脂雕（VASER high-definition liposculpture），用於雕塑六塊肌、馬甲線、臉部、下頜、四肢的線條等。

6. 電波抽脂（radiofrequency-assisted liposuction, RAL）

電波抽脂可以把合併使用負壓吸引器抽出脂肪，或是在小範圍的脂肪處，僅用電波能量加熱脂肪，讓脂肪被自體吸收。電波抽脂的好處是可以提供額外的能量，讓皮膚緊實。

■ 抽脂手術的優缺點

	傳統抽脂	震動抽脂	雷射抽脂	水刀抽脂	威塑抽脂	電波抽脂
常用適應症	局部及大範圍抽脂	局部及大範圍抽脂	較適合局部溶脂，可合併負壓抽吸出脂肪	較適合大範圍抽脂	局部及大範圍抽脂	局部溶脂與緊實，可合併負壓抽吸出脂肪
作用原理	負壓抽吸脂肪	螺旋、震動或機械活塞式運動的抽吸	光纖震碎及液化脂肪，緊實皮膚	水力抽吸脂肪，保留神經血管	超音波乳糜化脂肪，可作淺層脂肪雕塑	電波加熱脂肪，緊實皮膚
曲線雕塑	可	可	較差	可	可	較差
皮膚緊緻	無	無	佳	無	可	佳
脂肪收集	佳	較差	可	佳	佳	較差
術中出血量	較多	較多	少	少	少	少
術後瘀青	較明顯	較明顯	少	少	少	少
術後疼痛感	疼痛	疼痛	較少	較少	較少	較少
術後恢復期	長	長	短	短	中	短

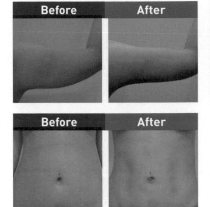

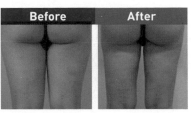

由左至右：
- 圖1　威塑—手臂抽脂。
- 圖2　威塑—大腿抽脂（後面）
- 圖3　威塑—腹部抽脂（女性正面）

四、常見問題 Q & A

1. 抽脂手術的風險／併發症？

抽脂手術的風險／併發症，可以區分為全身或局部。

全身：

- 脂肪栓塞（fat embolism）：抽脂手術造成脂肪的碎片，可能經由血液循環進入肺部或腦部，造成呼吸困難、意識不清，是抽脂手術後的緊急併發症。

- 體液問題：由於抽脂手術造成體液的不平衡，有可能引發心臟、肺臟、腎臟功能惡化。

- 麻醉劑中毒：過量的麻醉劑（利多卡因 lidocaine）中毒，會造成中樞神經系統和心臟的問題。

- 器官穿破：抽脂管可能非常偶發會穿破內臟，包括

肋膜、肺部、腸道等，需要緊急外科手術修補器官。

- 感染：有可能會有皮膚感染，若免疫功能不佳，可能變成全身感染。

局部：

- 外觀凹凸不平：可能由於脂肪取出的過程不平均、本身皮膚彈性不佳、傷口癒合不良造成。可能需要再次手術，合併抽脂與補脂修補。

- 體液聚積：手術後可能產生血清腫（seromas），可以用針頭抽吸處理。若預期出血、體液量大的抽脂手術，可以在抽脂手術後放置引流管。

- 麻感：抽脂手術後，局部可能會有麻感、或是神經的過度刺激（irritation）。

- 疤痕：抽脂手術後的疤痕，包括色素沈澱、紅色疤痕、凸起的肥厚性疤痕或是蟹足腫。

2. 抽脂手術術後須知？

- 藥物：按照醫師指示服用口服藥和使用外用藥物，定期返院複診，追蹤術後恢復狀況。

- 冰敷與溫敷：抽脂手術後 72 小時內，冰敷以減少腫脹及出血，同時可以降低疼痛感，每隔 1 小時冰敷 15-20 分鐘。術後第四天開始改為溫敷，以利消腫，可以用暖暖包或溫熱的毛巾，溫度在攝氏 38-40 度，

間隔一小時溫敷 15-20 分鐘。

- 加壓：身體的抽脂手術術後需穿上彈性塑身衣，可減少瘀青腫脹以及達到撫平抽脂區域曲線的效果。術後第一周 24 小時穿著塑身衣，若期間有不舒服的壓迫感，或擦澡需求，可以暫時放鬆休息，第 2 周後可一天穿著 12 小時，一般會建議至少穿著 1 個月，若可以忍受塑身衣的加壓，可持續穿著 3 到 6 個月。臉部與頸部抽脂一般來說建議術後 3 天內 24 小時戴著加壓頭帶，術後第 4 天開始改成晚上睡覺時戴加壓頭帶，持續時間共 1 周。小腿抽脂一般建議術後須穿彈性襪約 3 到 6 個月，彈性襪可減少小腿水腫，幫助術後固定肌肉，達到塑形美腿功效。如果穿著塑身衣、加壓頭帶、彈性襪時有皮膚乾癢不適感，可以擦乳液來改善。

- 按摩：抽脂手術術後 2 周開始，可視恢復狀況，搭配徒手按摩或淋巴引流，加速術後消腫，縮短恢復時間。

- 飲食與作息：避免刺激性飲食，並嚴禁煙、酒，儘可能不要熬夜或作息不正常，以免影響傷口癒合。可多補充高蛋白類食物（如蛋豆魚肉類）、維他命 B 群、維他命 C，幫助傷口癒合。

- 活動與運動：小範圍抽脂不至於影響上班或是日常

生活，大範圍抽脂可休息 1 至 3 天，均需避免劇烈運動，1 周後可進行緩和活動，約 2 周可恢復大部分的活動。至於劇烈運動，視每個人可適應與手術恢復的程度，約 4 到 6 周後開始進行，建議 1 個月後才可以泡澡、溫泉或游泳。

- 姿勢：術後返家勿提重物，盡量保持頭低腳高的姿勢，以減輕腫脹及避免頭暈，若有頭暈現象，應立即躺下抬高下肢，以促血液回流。

- 傷口：術後初期前幾天會由抽脂傷口流出少量血水，以及疼痛、瘀青及腫脹現象，以上均屬正常現象，多數瘀青會於 1 到 2 周後消失。若傷口有大量出血、嚴重疼痛、局部發炎或身體不適，要儘速回診。

- 感覺：術後如有皮膚感覺較遲鈍或是肢體麻木感，約在 3 到 6 個月會漸恢復。

- 疤痕護理：傷口癒合之後可以開始盥洗，傷口處建議貼上美容膠，若有肥厚性疤痕或是蟹足腫體質者，可以預防性使用矽膠片和矽膠凝膠。疤痕的護理，使用美容膠、矽膠片、矽膠凝膠至少滿 3 個月，避免色素沉澱與形成疤痕。

結論 · *Conclusions* ————————————————

　　抽脂手術是一種移除脂肪的外科手術，同時也可以雕塑線條，抽脂手術不是一種減重的方式。抽脂手術的種類，建議依照病患的狀況，以及醫師的經驗來選擇。

About the Author

呂佩璇 | 台北亞緻整形外科診所
皮膚外科主治醫師

學歷：長庚大學醫學系畢業
　　　美國加州大學聖地牙哥分校整形外科研究員
　　　美國加州聖地牙哥 FACESPLUS 整形外科診所研究員
　　　美國紐約市 Body Sculpt 整形外科診所研究員
　　　東京虎之門醫院皮膚外科研究員
　　　東京資生堂美容皮膚科 Skin Navi Clinic 研究員
　　　韓國首爾延世大學皮膚外科訪問學者
經歷：長庚醫院皮膚科助理教授
　　　美國皮膚外科醫學會國際巡迴導師（首位台灣籍醫師）
　　　國際期刊審稿者（美國皮膚科醫學會雜誌、國際皮膚科雜誌）
　　　（Journal of the American Academy of Dermatology,
　　　International Journal of Dermatology）

編者叮嚀：

1. 抽脂手術的風險分成全身和局部，建議手術前和醫師好好諮詢、評估。
2. 抽脂手術後，必須按照醫師的建議，做好術後的照顧。
3. 抽脂手術後建議體重維持恆定，確保手術的效果。
4. 以安全及風險考量，建議以局部膨脹試劑抽脂術為優先考量採用。

腹部拉皮手術

　　據統計國人 80% 女性對於自己腹部體態感到不滿意，主要是由於生產後腹部鬆弛，或者是長時間久坐、不常走動而導致腹部微凸與胃凸的問題，而其中劇烈的減重或者是老化造成皮膚的鬆垮的主因；而缺乏運動或代謝變慢，會造成內臟脂肪堆積，這些都是影響體態的原因。

一、何謂腹部拉皮

　　其內含包括皮膚的鬆弛、產後腹部的鬆弛、常見老化及本來很胖忽然快速的減重，以及懷孕，後兩者常伴隨著紋路的產生，例如肥胖紋、妊娠紋，它主要是因為膠原蛋白的流失或膠原蛋白斷裂所導致。臨床上如果皮膚鬆弛比較嚴重的，必須要做腹部拉皮，增加緊實度。

二、適應症

　　腹部下垂和腹部體態改變造成的原因大概有下列幾種：

- 腹腔內脂肪的堆積
- 腹部肌肉及筋膜層的鬆弛
- 皮下脂肪（表淺脂肪）的堆積
- 皮膚的鬆弛
- 產後腹部的鬆弛

特色	適用者
(1) 腹部平坦 (2) 打造腰身 (3) 改善妊娠紋及肥胖紋 (4) 減少贅肉	(1) 產後導致的腹部，並伴隨妊娠紋 (2) 大量抽脂後產生的皮膚鬆弛 (3) 體重急速下降造成的皮膚鬆弛 (4) 皮膚老化所造成的鬆弛

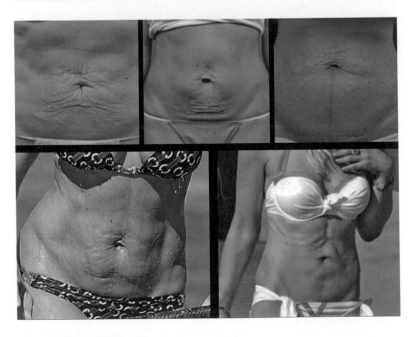

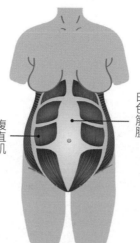

白色筋膜

腹直肌

懷孕前	**懷孕後期**	**生產後**
腹部肌與白色筋膜尚未撐大。	腹直肌拉開，白色筋膜將會被胎兒撐大。	腹部無法恢復原來未懷孕前樣貌。

三、治療的方法原理與種類

常見的處理方法，脂肪過多、筋膜鬆弛、皮膚變鬆的原因，可以利用不同的儀器和手術方式來改善。

1. 單純脂肪堆積者，如果選擇非侵入式的治療，冷凍溶脂或者是體外超音波溶脂可以有效地讓脂肪數目減少，讓小腹恢復平坦，但是比較建議用於脂肪堆積、皮膚有彈性的人。如果選擇侵入式的治療，抽脂手術就可以達到不錯的效果。

2. 腹部皮膚鬆弛、妊娠紋面積狹小者，若選擇非侵入式的治療，可以選擇電波拉皮、魔方電波，或者是小範圍腹部拉皮手術。

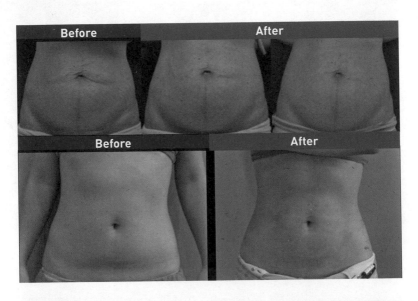

電波拉皮分類說明	臉部適用	臉部適用	臉部適用	身體適用	身體適用
治療深度	約 2.4mm	約 2.4mm	約 1.1mm	約 4.3mm	約 4.3mm
應用部位	臉部中層較薄肌膚組織	臉部中層較厚肌膚組織	眼周嘴唇手部等淺層部位	身體深層較厚組織	臉部脖子身體深層肌膚組織

3.腹部脂肪堆積伴隨皮膚輕微鬆弛者，可以選擇抽脂手術外加小範圍腹部拉皮，可以得到良好的效果。

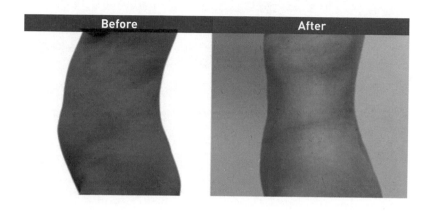

4.上下腹鬆垮下垂伴隨外凸、妊娠紋明顯者，可以必須採取腹壁重建手術，除了要重建腹部肌肉彈性及張力之外，還需切除較大範圍的皮膚，肚臍必須重做才不會肚臍過低或變形，這樣才能達到性感的曲線及緊緻的皮膚。

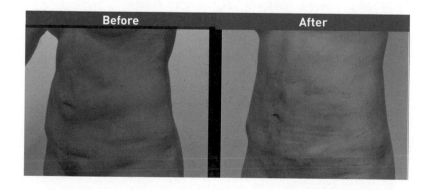

而上述的判斷都必須與專業的皮膚美容外科醫師，經過超音波的檢測，及與病人的討論，才能決定治療方針。

　　腹部成形手術可分為小範圍腹部拉皮、大範圍腹部拉皮跟腹壁重建。小範圍腹部拉皮是在恥骨上方約 8 到 12 公分的一個切口，一般如果是剖腹產，就會從剖腹產的傷口進去，順便修整剖腹產留下的疤痕，會將下腹的脂肪層掀開到肚臍，醫師看狀況會將腹壁的筋膜縫緊，最後將腹部的皮膚往下拉至恥骨上緣，切除多餘的部份之後將傷口縫合。

　　5.腹部皮膚鬆弛嚴重者，就必須採取全面性腹部拉皮，下腹切口必須沿至兩側骨盆邊緣處，腹部皮膚脂肪必須掀開至肋骨處，從胸下緣到恥骨上緣緊密縫合，肚臍則沿邊緣切開留至原位，重置肚臍，為防止癒合不良，在接近傷口處及上腹部不能做抽脂手術。腹直肌無力或腹直肌筋膜鬆弛，都會造成腹部外凸，這時抽脂或單純的拉皮是無法解決問題，所以腹壁重建術就變得很重要。而腹壁重建包含腹直肌重建和筋膜拉緊，一般腹壁重建會搭配程度不等的腹部拉皮手術。

　　腹部拉皮手術會有一道較長的傷口，但是術後的疼痛度不高。而腹部拉皮術後初期，肚子會有緊繃感，甚至一般術後會有幾天需要稍微彎著腰，以避免張力太大，而導致傷口癒合不良。另外，術後抽煙一定要完全禁止，因為抽煙可能增加傷口癒合不良的風險。還有大範圍的腹部拉皮手術，可

能會放置引流管，而這個管子一般會依據復原狀況，3-7 天後移除。而接受此一手術 1 個月內，不建議做任何的泡水、游泳以及運動。而 3 個月內不建議做任何重量訓練。腹部的核心肌肉運動，一般建議要 3 個月後開始。

四、常見問題 Q & A

1. 腹部拉皮的傷口會不會很明顯，是否可同時改善妊娠紋？

術後傷口不明顯，會藏在恥毛與貼身衣物可以遮蔽處，若是剖腹產，疤痕會在剖腹產疤痕上可一同修疤；妊娠紋部分，拉皮會修飾皮膚可以獲得改善或是術後使用皮秒、飛梭雷射亦可得到效果。

2. 非產後婦女是不是可以做腹部拉皮？

男性或沒有懷孕計劃的女性，都可以經醫師評估後執行此一手術。

3. 哪些人不適合做腹部拉皮？

若有生產計劃的婦女不建議此手術，糖尿病、高血壓、心臟病、凝血功能障礙的患者需經醫師評估。

4. 除了手術之外有什麼方式輔助或舒緩腹部鬆垮的問題嗎？

以下介紹日常 10 分鐘腹部運動、核心肌肉群腹部運動。

● 每日 10 分鐘上班族午休速成深蹲法，有效消退腹部、背部脂肪！

(1) 請將雙腳打開並與肩　(2) 握拳的雙手成一直　(3) 側面示意圖。
　　同寬，身體打直，雙　　　線，慢慢往後方伸展
　　手握拳，舉起至胸部　　　至極限，配合腳部漸
　　高度。　　　　　　　　　漸半蹲後回到第一個
　　　　　　　　　　　　　　動作，一次循環一分
　　　　　　　　　　　　　　鐘。

● 核心肌肉群腹部運動，幾個運動速速打擊腹部各部位肌肉！

(1) **腹部捲曲訓練腹直肌：**平躺、下半身固定不動（可屈膝，腰椎較易平貼
　　於地），讓脊椎由頸椎、胸椎、腰椎（意識控制放在腰椎）開始一節
　　一節捲曲，然後再以相反動作回復。

(2) **反向腹部捲曲訓練腹直肌：**平躺在地，固定上半身，下半身屈膝，讓脊椎由尾椎、薦椎、腰椎（意識控制放在腰椎為主）開始一節一節捲曲，然後再以相反動作回復。

(3) **平板式 Plank 訓練腹橫肌：**俯臥地面，上半身可用手掌或手肘撐地，下肢可用膝蓋或腳尖將身體撐起，身體脊椎保持自然曲線，維持髖關節的穩定。

(4) **脊柱旋轉訓練腹內外斜肌：**仰臥地面，穩定上半身，將雙腳髖關節與膝關節保持 90 度，以水平面為動作方向，向單側傾倒雙腳與地面呈 1 度～89 度，以達到旋轉腰椎的目的，反向亦然。此動作可搭配抗力球來操作，讓動作更確實。

結論 · *Conclusions*

腹部肌肉及筋膜層的鬆弛，一般這個比較常見於懷孕後，或者是本來很胖忽然快速的減重，或者缺乏運動習慣的人。要改善這個問題，可以適度地做一些腹部肌肉群的鍛鍊，腹部的肌肉群有腹直肌、腹橫肌、腹外斜肌、腹內斜肌與擴背肌，若將這些肌肉訓練的緊實有力，便可以讓包覆在腹部裡的內臟與肌肉得到強而有力的支撐，才不易向外擴張往外推，造成腹部鬆垮。若有更嚴重的問題，就得請專業的皮膚美容外科醫師當面評估並且深入討論，方能找到最佳的治療方式。

About the Author

王朝輝 ｜ 光澤醫療美學集團 執行長

經歷：臺灣皮膚科專科醫師
　　　形體美容外科醫學會 常務理事
　　　臺灣美容醫學醫學會 理事
　　　台灣皮膚暨美容外科醫學會 委員
　　　中國整形美容協會海峽兩岸分會 委員
　　　醫美雜誌專欄指定專訪及撰文醫師
　　　美國皮膚科醫學會會員（AAD）
　　　美國微創抽脂中心手術研究員

編者叮嚀：

1. 腹部拉皮一般會合併抽脂手術，皮膚切口有很多方式。常會留下不雅的疤痕。

2. 如果皮膚沒有過度的鬆弛及妊娠紋，不建議抽脂合併腹部拉皮手術。可以在術後選擇侵入性低的音波或電波拉皮。

靜脈曲張手術

　　靜脈曲張是很容易被忽略的疾病，在早期並沒有任何徵兆，大部分的病患是發現小腿青筋外露才驚覺有靜脈曲張。它不只是美觀的問題，如果放任不治療，病情會日漸惡化，影響血液循環。靜脈曲張的成因錯綜複雜，通常都是先天遺傳，加上後天失調，像是長時間站立工作的老師、警察、廚師、美容美髮業、或搬運重物的百貨、工程、服務業人員。還有女性患者在懷孕時胎兒腹部壓迫，導致靜脈瓣膜退化，這些都是造成靜脈曲張的諸多原因。

一、何謂靜脈曲張

　　靜脈曲張（varicose vein）又常稱為「浮腳筋」、「靜脈瘤」，從外觀就可以看到腿部青筋膨脹浮出，出現「彎曲」、「擴張」，像是一團腫瘤。腿部靜脈曲張是很常見的健康問題，根據統計，約有 2% 的中老年人有嚴重型的靜脈曲張，換算起來影響超過 20 萬國人，其中女性佔了七成以上。除了外觀難看，許多人害怕開刀而不敢就診，往往拖到皮膚濕疹潰瘍，靜脈破裂出血，迫不得己才求醫，甚至已

經引發了威脅生命安全的深部靜脈栓塞，肺栓塞。

二、適應症

　　口服藥物是無法治療靜脈曲張的！穿著醫療級彈性襪也只能減輕腿部腫脹，延緩病情的惡化，但夏天潮濕炎熱，除非是在冷氣房內工作，否則根本無法長期穿著，甚至還穿到香港腳及皮膚濕疹，痛苦不堪。

　　過去的舊觀念認為要等靜脈曲張嚴重時再治療，但是在這時侯，往往腿部的靜脈曲張已經橫縱錯節，血液循環不良，不但手術困難，受損皮膚的也無法完全改善。所幸醫療科技的進步，超音波引導微創手術效果相當不錯，恢復也快。如果在站立時，已經發現小腿有鼓出扭曲的青筋，那罹患靜脈曲張就大概八九不離十。醫師可以藉由彩色超音波來檢視瓣膜是否有損壞，檢測腿部血液逆流的異常程度，在血液循環尚未被嚴重影響前，提早診斷並儘早治療。

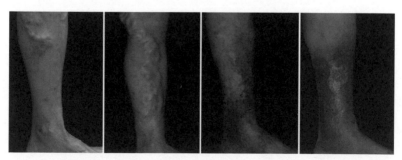

第 3 期：腿部水腫　　第 4 期：皮膚濕疹　　第 5 期：皮膚疤痕　　第 6 期：皮膚潰瘍

■ 圖 1

三、治療的方法原理與種類

1. 傳統住院手術

　　傳統手術（高位結紮合併靜脈抽除）病人需在手術前一天住院，接受抽血、心電圖、胸部 X 光，做好全身或半身脊椎麻醉所須要的基本檢驗。手術是在患側的腹股溝（鼠蹊部）作一道約 5 公分的橫切口，隨後利用抽除鋼絲將整條病變的大隱靜脈抽除，手術時間約 1~2 個小時，如果手術施行正確，能夠將所有病變的靜脈去除，那麼 5 年內復發率是低於30%，但缺點是須承受全身或半身麻醉的風險，手術傷口長，剝除血管易引起術後疼痛、瘀血，比較容易引發傷口癒合不良或感染，許多病患都是休養了半個月至一個月後才能恢復上班。因此許多雙腿都有靜脈曲張的患者，在接受過一次的傳統手術後，就敬謝不敏了。

2. 泡沫硬化劑注射

　　方法是將硬化劑直接注入病變的靜脈血管中，造成靜脈的管壁的收縮及纖維化，來達到封閉靜脈，防止靜脈血液異常逆流。現今，超音波引導下注射泡沫硬化劑，療效比傳統硬化劑更加有效。注射過程只需要數分鐘，而且不需要麻醉，穿上準備好的彈性襪，即可回家，回復日常活動，對部分年紀較大的患者比較沒有心理負擔。在一位經過專業訓練

的醫師手上，是一個安全的治療。缺點是復發機會較高，有可能需要多次的注射。

3. 靜脈組織黏膠注射

在局部麻醉下，將微型導管以置入曲張的腿部靜脈內，再利用超音波引導，將導管前端定位在大隱靜脈和股靜脈的交會點，隨後藉由一把外型類似熱熔膠槍的注射器注入靜脈組織黏膠，注膠完成後，醫師會按壓血管，每隔 3 公分注膠一次，接著導管逐步拉出，重復注膠按壓的程序，逐步將大隱靜脈黏合封閉。患者在治療後可立即回復正常生活，恢復期短。缺點是費用昂貴，而且有可能引發過敏反應。

4. 微創「光纖及水分雷射」門診手術

由於醫療科技的進步，現在可使用光纖引入血管內進行靜脈內雷射手術治療（Endovenous Laser Treatment，EVLT)。雷射光在血管內部發射，光能會被血液及水分吸收轉化為熱能，均勻的傳導到靜脈內壁，破壞血管的內皮細胞，造成靜脈管壁的萎縮，達到永久閉合的效果。在手術過程中，利用超音波影像精準定位，加上注射膨脹麻醉劑來保護血管週圍神經、皮膚組織，病患術後只要穿上預先準備的彈性襪，稍加休息即可以回家。由於是局部麻醉的門診手術，減低了全身或半身麻醉的危險性。也因為幾乎無傷口，

不需縫線，大大降低了感染的可能性。經過了多年來眾多案例的追蹤，血管內光纖導引雷射手術已被證實能有效的治療下肢靜脈曲張。也因此，2016 年的英國靜脈學會所訂定的治療共識中，局部麻醉下執行的微創血管內雷射手術已經是靜脈曲張治療的首選。

■ 靜脈曲張治療比較表

	傳統靜脈抽除手術	泡沫硬化劑注射	靜脈組織黏膠注射	微創光纖雷射手術
手術時間	1~2 小時	10 分鐘	40 分鐘	40 分鐘
麻醉方式	全身／半身麻醉	無需麻醉	局部麻醉	局部麻醉
傷口大小	腹股溝 5 公分	細針孔	細針孔	細針孔
術後照顧	臥床 1~3 天	立即下床行走	立即下床行走	立即下床行走
5 年復發率	30%	30%	10%	5%

四、常見問題 Q & A

1. 請問下肢靜脈的結構及靜脈曲張形成之原因？

　　腿部有兩組主要的靜脈系統，一組是深部靜脈系統（股靜脈及脛靜脈），行走在腿部的肌肉之間，它攜帶了 95%的回流血液，當走路、跑步的時候，肌肉收縮會壓縮深部靜

脈，讓血液往心臟方向流動。另一組是表淺靜脈系統（大隱靜脈及小隱靜脈），就是腿部外露可見的表淺血管，它只佔了 5% 的回流血液。

原發性靜脈曲張的病因就是起源於那 5% 的表淺靜脈系統，當血管出現退化，血管內的瓣膜無法閉合，隨後就會產生靜脈逆流，腿部腫脹循環不良，小腿浮出青筋。當病患發現小腿明顯的靜脈瘤時，事實上那只是冰山浮現的一角，在超音波的檢查掃描下，可以清楚的發現大腿內側和腹股溝才是靜脈曲張的源頭。

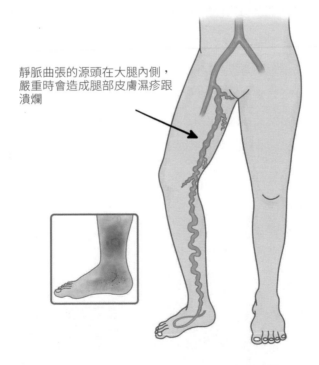

靜脈曲張的源頭在大腿內側，嚴重時會造成腿部皮膚濕疹跟潰爛

2. 靜脈曲張為何需要找皮膚科醫師治療？

絕大多數靜脈曲張的病患會有腳部疼痛、酸麻、抽筋、及灼熱感，或是腫脹，疲勞無法久站等症狀。許多病人會逃避現實，一直拖到下肢皮膚搔癢硬化，紅腫變黑時，才驚覺病情嚴重。如果沒有接受適當治療，一定會持續惡化，最後出現皮膚潰瘍出血。也因此，皮膚科醫師常是治療靜脈曲張病患的第一線。

3. 請問微創血管內雷射手術有何特色及技術性關鍵？

- **高負荷雷射光纖的開發**：超細光纖能將雷射光直接導入到血管內，釋放的雷射光能即轉化為熱能，達到靜脈管壁的萎縮，纖維化閉合的效果。
- **即時性超音波影像**：能在手術中定位雷射光纖及導管的位置，避開深部靜脈血管，進行精準治療。
- **膨脹麻醉劑運用**：膨脹麻醉劑能使雷射光束更為集中，加速血管的閉合，同時也能夠保護血管周圍的神經，大幅減少術後的疼痛，再也不需要全身或半身性脊椎麻醉。

雷射手術全程均在超音波引導下進行，雷射光纖由小腿附近放入靜脈血管之中，並可以搭配微創靜脈局部鉤除手術，使用特殊的微型鉤針，除去扭曲突起的局部靜脈，由於

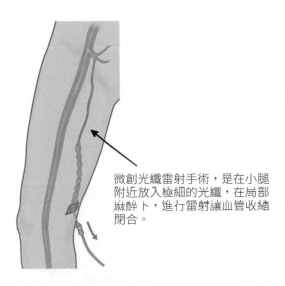

微創光纖雷射手術，是在小腿附近放入極細的光纖，在局部麻醉下，進行雷射讓血管收縮閉合。

傷口很小，有如蚊蟲叮咬，術後傷口會自然的癒合，免縫線，紗布包覆後，穿上彈性襪或纏上彈性繃帶，便可起身走動，回復日常活動，絕大多數病人手術後可獲得良好的行動力和生活上的便利。如果以雷射在血管內作用的時間來說，大約只有幾分鐘，但加上術前超音波檢查與術後包紮的時間，依病況複雜程度，整個療程約需 1 小時左右。

根據近 15 年來全世界的文獻資料，靜脈血管內雷射治療的長期成功率大約 95%。多年來，不同波長的雷射平台也相繼研發上市，今天雷射手術佔全球的 85%，並且持續不斷的增加，已經遠遠取代了傳統手術。

血管內雷射手術已被證明是相當安全的治療，雖然副作用相當少見，但是局部瘀青，暫時性的疼痛或壓痛感仍有可

能會產生，這種現象會於 2~3 周消散，並不會影響手術的效果。至於深部靜脈栓塞或肺部靜脈栓塞等嚴重副作用，在局部麻醉的手術方式下，大約只有五千分之一的比例會發生。由於是局部麻醉手術，病患術後穿上預先準備的彈性襪，就可以立即下床走動，促進深部靜脈血液的流動，減少治療的靜脈擴張形成血栓。

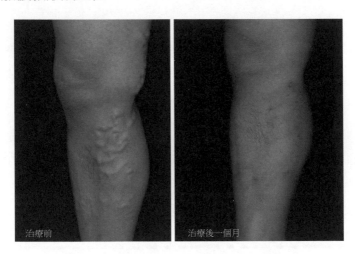

■ 圖 2　微創血管內雷射手術治療前後。

4. 微血管擴張如何治療？

根據統計，20 歲的女性，15% 有腿部的微血管擴張問題，到了 60 歲，更有高達一半的女性會出現程度不一的微血管擴張，這些有如蜘蛛絲般的細小血管，真的非常苦惱。

腿部蜘蛛絲可能跟女性荷爾蒙、血管的老化、小靜脈瓣

膜退化有關。這些蜘蛛絲微血管由於細小，通常不會影響血液循環，不會有不舒服的感覺，絕大多數來治療的的女性患者，是因為美觀的原因來求診。治療上，主要有硬化劑注射及微血管雷射兩種。外觀會在治療之後逐漸改善，初期會有色素沈澱的狀況，大部分的色素沈澱在 6-12 個月內可以吸收消失，五次療程後微血管大約可以消退 80％。

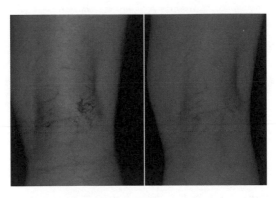

■ 圖 3　微血管擴張治療前後。

結論 · *Conclusions*

　　約有 2% 的年長民眾有嚴重的靜脈曲張，換算起來影響超過 20 萬國人，並不亞於痛風及洗腎！所以應儘早接受治療，千萬不要皮膚搔癢發黑、潰瘍出血才來就醫，那就藥石罔效。另靜脈曲張和微血管擴張是完全不同的問題，治療的方法也大不相同，彩色超音波掃描是分辨二者的最佳利器。

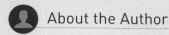 About the Author

楊志勛 │ 志勛皮膚科診所院長

經歷：長庚醫院、長庚大學教授
臺灣皮膚科醫學會理事長
台灣皮膚暨美容外科醫學會常務理事
美國皮膚外科醫學會（ASDS）國際巡迴導師
台北長庚醫院美容中心主任
台北長庚醫院皮膚科系主任
美國約翰霍普金斯大學皮膚外科研究員
日本虎之門醫院皮膚外科研究員

編者叮嚀：

1. 依臨床症狀及嚴重程度，選擇最適宜的手術方式。
2. 目前以靜脈內雷射或電波或硬化劑等較普遍，術後恢復快，併發症較傳統手術少。
3. 治療前後都需要密切追蹤以預防惡化。

5

CHAPTER

其他皮膚
美容手術

埋線（線雕）、果酸及其他化學
換膚、體外溶脂手術、女性外陰
部美容手術

埋線（線雕）

　　這幾年來，以手術縫線運用於改變面部輪廓的風潮吹起，目的在重建面部組織的年輕樣貌。至於這個術式的命名，至今還是莫衷一是。一般最常使用的名詞，如埋線（threading，正確譯名應是穿線）、線拉提（thread lifting）、甚至在中國慣用的名詞「線雕」；但本術式與中醫所使用的埋線治療，使用的線材與希望達到的效果又大不相同。在美國，Michael Gold 醫師就強調應該採用 suture（縫合，亦即利用線把兩端的距離拉近），而非 thread lifting，避免過於強調拉提（lifting）的效果，誤導社會大眾認知。在國內尚未統一命名之前，本章節將統一使用「埋線」（線雕），以清楚指涉但又不過於強調不一定符合此適應症的本新興術式。

一、何謂埋線（線雕）

1. 埋線（線雕）算是拉皮術嗎？

　　傳統上，拉皮術（facelift）是外科的手術名稱，可以

用來協助改善面部與頸部的老化徵兆。各種類型與不同程度的老化徵兆（表1），會在年紀漸長的時候逐一出現；而30到50歲之間不可避免的，就是中面部的下垂、皮膚鬆弛與下顎線（jowl line）日漸消失。但是，多半不易以非手術的方法，例如：注射或是光電雷射治療加以改善。例如：中與下面部下垂、鼻唇溝與嘴角、眉尾下垂。

■ 表1

面部輪廓與皮膚的老化徵兆
1. 眼下較深的紋路
2. 中面部下垂
3. 皮膚鬆弛
4. 下面部皮膚失去應有的緊實，導致下頦線條變化
5. 法令紋漸深，並延伸至嘴角
6. 頸部皮膚下垂與紋路增加
7. 眼皮下垂

2. 皮膚外科醫師利用那些低度侵入性的方法來改變臉部輪廓

因為低度侵入性的治療快速發展，皮膚科醫師有了更多非手術類的方法，用以改善面部輪廓的方法，包括臉部拉

皮手術（為皮膚科住院醫師訓練的外科訓練項目之一）、
埋線（線雕）、光電治療（包括聚焦超音波與電磁波，
前者為 focused ultrasound，市場上稱之音波拉皮；後者為
radiofrequency，市場稱之電波拉皮，又分為單極式、雙極
式與多極式）與填充劑（包括玻尿酸與其他非玻尿酸填充
劑）。這其中，對於輕度至中度面部下垂與皮膚過度鬆弛的
患者，埋線（線雕）（圖1）當今已被視為較之光電治療與
填充劑注射外，另一個不錯的選項（better alternative）。但
無論如何，光電治療、埋線（線雕）與填充劑注射，都不
代表治療結果會與拉皮手術相當。

3. 具國內衛福部核可適應症與不具適應症但仍被使用之醫材
事實上，國內除了詩立愛塑形線（Silhouette Lift，

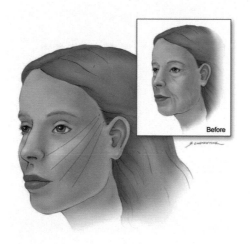

Before

■ 圖1

但國內註冊英文名稱為 Silhouette Sutures，衛部醫器輸字第 025329 號，適應症：適用於中顏面懸吊手術時，用以固定臉頰皮下拉高的位置）與塑立愛立提線（InstaLift，國內註冊英文名稱為 Silhouette InstaLift，衛部醫器輸字第 031195 號，適應症：適用於中顏面懸吊手術時，用以固定臉頰皮下組織往上提拉後的位置）具核可之適應症外，其他線材在國內衛生單位核可線材的適應症，都是軟組織縫合。如：安吉梭外科用可吸收性縫線（Quill，衛部醫器輸字第 020701 號）、優施西可吸收傷口縫合裝置（V-LOC，衛部醫器輸字第 021210 號）、愛惜康思達飛對稱型免打結傷口縫合裝置（Ethicon STRATAFIX® Symmetric PDS，衛部醫器輸字第 028720 號）以及提美拉外科性可吸收性逢線（Miracle Thread Knotless Tissue Closure Device，衛部醫器製字第 006302 號）。皮膚外科醫師會依臨床需求選擇合適的醫材，施術於病患。

二、適應症

對於那些不想接受手術，又希望讓面部輪廓下垂得到改善，埋線（線雕）可以進行面部提升，根據衛福部已核可的兩種具此功能的醫材，其適應症所載文字就是「以適當的向量進行雕塑」、「增加中面部飽滿度」與「雕塑下面

部」，讓線條更為明顯。

過去幾年來，填充劑拉提當道。常常可見到老化而下垂的面部輪廓，在打入幾支或幾瓶的各式填充劑，如玻尿酸（hyaluronic acid，HA）、羥基磷灰石鈣（Calcium Hydroxyappatite，CaHA）、甚至是聚左旋乳酸（Poly-L-lactic acid，PLLA）。雖然適當施打有不錯的效果，但若施打量過多，就會出現過度填充的臉龐，我們稱之為面部過度填充症候群（Facial overfilled syndrome），或美國稱之為 Pillow face（枕頭臉）。不少明星呈現過度臃腫的臉部輪廓，幾乎都是過量注射的受害者。

三、治療的方法原理與種類

1. 埋線（線雕）功能性分類

依照功能可區分為拉提線（lifting thread，詩立愛塑形線屬之）、拉提復位線（lifting-repositioning thread，國內無相近產品）、復位線（repositioning 或 supporting thread，國內其他具有許可證的線材皆屬之）與表淺線（superficial 或 rejuvenation thread）。這些線材所希望達到的目標或許一致，但呈現的效果或有差異，應該與施術的皮膚外科醫師討論，以了解自己所接受的是哪一種類型的線材。

2. 線材如何產生牽引組織的效果

　　線材在設計製造時，會刻意打結、製造圓錐體或形成倒鉤（圖2），使線材在通過較為堅韌的組織時，如脂肪層的纖維中膈或筋膜層的纖維組織，因為阻力而產生牽引效果。

　　倒鉤的截面積小，因此需要大量的倒鉤產生足夠的鉤附點，避免滑脫；一般而言，倒鉤線結構較為脆弱而產生斷裂、滑脫，因此皮膚外科醫師在施作時會考慮它的特性，因施作對象的不同調整向量設計與使用線數，以加強效果；此外，以多且長的倒鉤線埋在皮膚內，病患也可能感覺刺痛。

　　至於以圓錐體作為鉤附點的線材，則因防止滑脫阻礙的截面積大了許多，因此比較不需要太多鉤附點，就可以產生

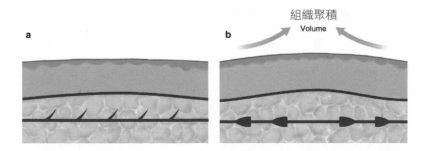

■ 圖2　引用出處：Kim B., Oh S., Jung W. (2019) Type of Absorbable Thread Products. In: The Art and Science of Thread Lifting. Springer, Singapore

較穩固的支撐力道。因此，就單一線材在皮膚內所產生的拉提力道來說，具圓錐體的線材，其支撐稍佳。

四、常見問題 Q & A

1. 線材在會在體內存留嗎？

線材區分為可吸收線與不可吸收線。國內核可的不可吸收線只有詩立愛塑形線，其不可吸收線以聚乳酸錐體（Cones）作為支撐之用；其他的可吸收線材料，多數都是聚對二氧環己酮（Polydioxanone，PDO），只有塑立愛立提線其線與錐體皆由聚乳酸-甘醇酸（poly-lactic-co-glycolic acid，PLGA）製成。所有可吸收線，成分均可再吸收、生物相容和可生物降解。

2. 線材在體內產生的生物效應？

PDO 與 PLGA 線材，對於通過路徑之刺激，產生第三型膠原蛋白。但由於線材與組織的接觸面積有限，就算是產生了膠原蛋白，都僅只是圍繞著線材，對於整體產生的抗衰老與回春所產生的效應應該有限。因此，還是將線材視為僅具有物理性懸吊與組織牽引的作用為宜。

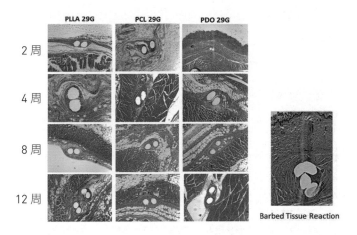

■ 圖3　由左到右：聚左旋乳酸 PLLA、聚己內酯 PCL、聚對二氧環己酮 PDO。（引用出處：Korean J Clin Lab Sci. 2018;50(3):217-224）

3. 埋線（線雕）治療如何進行？

　　不管使用哪一種材質進行治療，治療深度都約在筋膜層（SMAS）的深度。醫師可能會根據病患的臉型、皮膚厚薄、下垂程度與胖瘦，決定病患是否合適接受治療，以及該使用何種線材、向量方向等。因此具有豐富經驗的皮膚外科醫師，在評估病患的各種條件之後，就會提出量身訂做的治療建議。

　　治療時，醫師可能會在進針口，或甚至是線材通過的地方，都施予麻醉藥物的注射。等麻醉藥物生效，再根據線材所應行經的方向穿入、並加以固著，最後再往回拉，讓倒鉤

或是椎體與組織緊密鉤住，產生組織復位（repositioning）或拉提的作用。

4. 埋線（線雕）治療成效？

由於埋線（線雕）具有立竿見影的作用，因此只要選擇的個案合適接受治療，都能讓病患滿意成效（圖 4、5）。不過，真正的挑戰如下：

- 東方人臉型較圓，線走向的向量設計。
- 年紀太大或皮膚過於鬆弛。
- 病患臉上有不明之填充劑注射在內，無法預知線的固著效果是否受到影響。

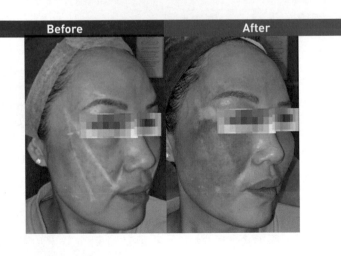

■ 圖 4 （黃柏翰醫生提供）

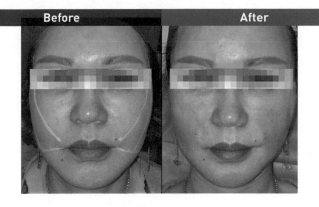

■ 圖 5 （黃柏翰醫生提供）

　　因此，雖然埋線（線雕）在某個期限內，可以一定程度改善面部輪廓。但並非每個躍躍欲試的求美者都合適接受這種治療，因此愛美的朋友還是要跟皮膚外科醫師多溝通，以確認治療的結果會與自己的預期相當。

5. 埋線（線雕）治療禁忌症？

　　線材經過的路線與穿入的位置，不可以有任何急性或慢性發炎。當然，自體免疫疾病患者、對於線材過敏患者、懷孕、哺乳與 18 歲以下的求美者，都不適合接受此項治療。

6. 埋線（線雕）治療後可能出現的不良反應？

　　進線或出線處暫時性凹陷最為常見（圖 6）；線材若埋

得過淺，也會出現因為線材牽引力量而造成的下凹。這兩種常見的術後反應，通常經過幾天或 1 至 2 周就會逐漸消失。就算少數個案沒有完全消失，皮膚外科醫師也會使用某些治療方法使其改善。皮下出血所產生的暫時性瘀青也算常見，但也在幾天內會自然逐漸消失。

由於執行埋線（線雕）需要經過相當的訓練，因此醫師的治療技巧與經驗至為重要。否則，其他少見的副作用並非不可能發生，如治療後出現臉型不對稱、皮膚輪廓不平整、神經損傷，甚至續發性細菌感染。因此我們建議求美者尋求皮膚外科醫師的協助，以達最佳治療效果。

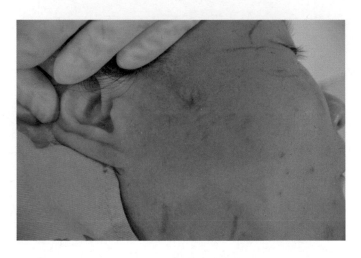

■ 圖 6 　（王朝輝醫生提供）

結論 · *Conclusions* ——————————

　　埋線（線雕）作為眾多對抗皮膚老化的治療方法的其中一環，是 35 歲以後出現面部下垂後可以考慮的治療選項之一。不管是做為單一療法，或是與其他方法聯合治療，建議您都應該找對於皮膚結構十分了解的皮膚科（或皮膚外科醫師）幫您解決。根據病患需求設計出量身訂做的方法，才是美容醫學治療的最高境界。

 About the Author

黃柏翰 | 黃柏翰皮膚專科診所院長
臺灣皮膚科醫學會常務理事、學術會議暨國際事務委員會主任委員、繼續教育委員會副主任委員
台灣皮膚暨美容外科醫學會創辦人與常務理事
英卡思（IMCAS 國際整形美容暨皮膚抗衰老大師課程）亞洲年會課程總監
美國皮膚外科醫學會國際巡迴導師
中國整形美容協會海峽兩岸分會常務委員

資歷：高雄長庚紀念醫院 皮膚科主任
澳洲墨爾本 Dermatology Institute of Victoria
皮膚外科暨美容醫學進修
臺灣皮膚科美容醫學學術研討會創辦人暨兩任大會會長

編者叮嚀：

1. 埋線（線雕）主要效果來自於線性提升或組織復位，組織刺激膠原蛋白再生長的效果比較有限。

2. 除了詩立愛塑形線 (Silhouette Lift / Silhouette Sutures 及塑立愛立提線 (Silhouette InstaLift) 具核可之適應症外，其他線材在國內衛生單位核可線材的適應症，皆屬於軟組織縫合之適應症外使用。

3. 治療深度除了特殊情況之外，普遍取筋膜層（SMAS）的層次，藉由肌肉的緊緻增加拉提及固定的療效。

4. 因治療過程於皮下伸入針線，勢必穿越部分血管及神經，因此短暫瘀血或神經麻痺是必然可能發生的副作用。也可能有感染或局部凹陷等情況。但因組織破壞不顯著且後續大多都有方式做矯正，所以上述情況通常都不會持續很久。

果酸及其他化學換膚

　　化學性換膚是傳統皮膚科治療的一部份，傳統的化學性換膚由於強調治療效果，治療深度較深，因此每次治療之後，需要較長的恢復時間，而大多數東方人又容易有術後色素沉澱（俗稱反黑）的副作用產生，因此在臺灣，並沒有引起太大的風潮。不過大約從 30 年前，果酸換膚問世，由於操作方便，安全有效，副作用又少，很快席捲全球，造成一股風潮，也可視為皮膚科由傳統醫學治療，踏入新興的美容醫學的入門磚，開啟了臺灣美容醫學的黃金時期。

一、何謂果酸及其他化學換膚

　　化學結構式為 AHAs（Alpha-Hydroxy Acids）的酸性化學物質，統稱為果酸，大部分可由水果提煉出來，屬於弱酸類，其中最著名的一種酸為甘醇酸，分子量最小，對皮膚的穿透性最好，因此是操作所謂的果酸換膚的首選，其他如檸檬酸、酒石酸、杏仁酸等等，也都屬於果酸的一種。當然，混合各種酸的複合性果酸也隨之出現，對於這幾種酸的

選擇，就屬於醫療上，病人的要求，與醫師的判斷，並沒有絕對的標準，也無所謂孰優孰劣之分。

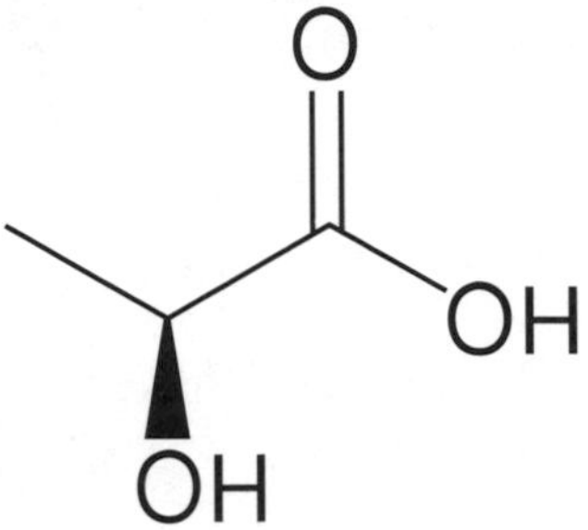
O
OH
OH

■ 圖 1 果酸的化學構造式

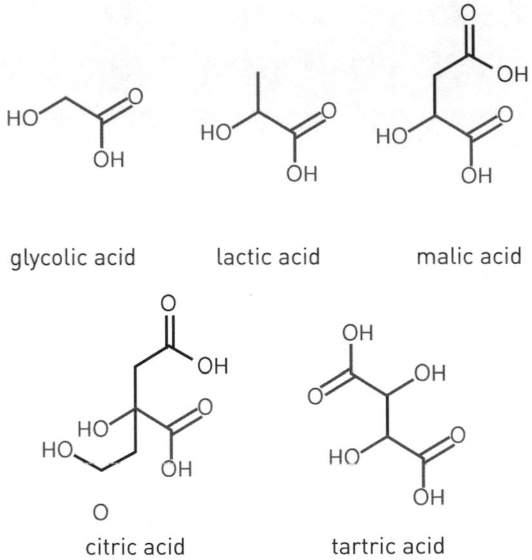
glycolic acid
lactic acid
malic acid
citric acid
tartric acid

■ 圖 2 各種果酸的化學構造式

二、適應症

　　基本上任何人，希望達到皮膚保養目的的，都可以接受果酸換膚，當然，如果皮膚有以下的異常，更是果酸換膚最好的候選人。

- 青春痘
- 粉刺
- 毛孔粗大
- 痘疤
- 臉部過度出油
- 細紋或皺紋
- 雀斑
- 日光性小痣
- 肝斑
- 發炎後色素沉澱
- 毛孔苔癬角化症
- 皮膚日光性老化

三、治療的方法原理與種類

　　根據果酸的濃度和 pH 值，會對皮膚產生不同的效果。
在極低濃度與酸鹼度越接近中性的果酸，只有保濕效

果。濃度稍微提高時，才有去角質的作用，可以破壞角質層細胞間的連結，促進皮膚的新陳代謝。

在濃度增加以及 pH 值降低的情況下，它的破壞力隨濃度增高而增加，濃度越高，pH 值越低，效果越能達到真皮組織，來達到化學換膚的功效。

一般而言，濃度越高、pH 值越低，效果越顯著，但是發生副作用的機會也相對增大，因此高濃度的果酸換膚，其實是一種醫療行為，需要在醫護人員的監督下施作才安全。

1. **依濃度不同，果酸對皮膚有不同程度的作用**：
   - **低濃度果酸換膚（約30%）**：果酸效果可以到達真皮組織，對於青春痘、淡化黑斑、撫平皺紋的效果良好。
   - **高濃度果酸換膚（50~70%）**：具有相當強的滲透力，可將老化角質一次剝落，加速去斑除皺的效果。

除了濃度之外，依廠牌不同，各種產品的酸鹼度也各自不同，甚至於各種酸的組成比例、基底溶液也都不同，病患皮膚的狀況與要求也都不一樣，因此執行果酸換膚，必須由醫師判斷每次果酸溶液的作用的時間才安全。

2. **果酸換膚的操作方式**：

- 清潔臉部。
- 均勻塗抹甘醇酸（30%~70%）於治療部位之皮膚。
- 等 2~7 分鐘後以中和液將甘醇酸中和。
- 冰敷舒緩。
- 塗抹修復霜及防晒品。

四、常見問題 Q & A

1. 果酸換膚「治療前」注意事項？

前 1 周停止下列行為：

- 臉部美容或做臉。
- 使用磨砂膏或其他去角質產品臉部使用 A 酸等產品。
- 燙髮或染髮。
- 刮臉或刮毛。

2. 果酸換膚「治療後當天」注意事項？

- 治療後會感到輕微刺激感、癢、灼熱感、緊繃感、脫皮或輕微結痂。若有上述症狀，醫師會視情形給予藥膏，每天局部塗抹 1~2 次。
- 回家後臉部仍感刺痛或紅腫可用冷水敷臉 10~20 分鐘。
- 睡前可使用較溫和、不含刺激性成份之保養品。

3. 果酸換膚「治療後平日」注項事項？

- 臉部若有紅腫或結痂，可繼續使用藥膏（早晚各一次），直到自然恢復為止，為避免疤痕產生，有結痂部分切勿搔抓或剝除。
- 洗臉動作輕柔，勿用海綿或毛巾用力擦拭，以避免磨擦皮膚。
- 臉部若無結痂或紅、癢，待 3 日後即可使用果酸美白產品，若有結痂則等脫落後再使用。
- 暫停使用磨砂膏或去角質作用的產品。
- 儘可能淡妝或重點式眼睛、嘴唇化粧。
- 換膚後 3 日內避免長時間日晒，平日若需外出，請使用防晒霜（SPF15 以上），若須長時間日晒，請

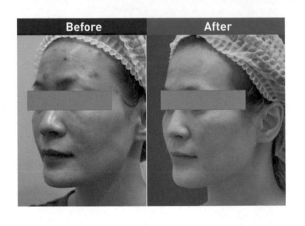

■ 圖 3　果酸治療前與 6 次治療後之比對

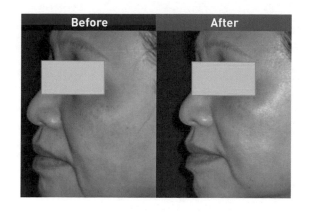

■ 圖 4　果酸治療前與 6 次治療後之比對

　　停止 A 酸或果酸使用，並提高防晒霜之防晒係數。

- 果酸換膚一般需要多次治療才能達到最佳效果，治療間隔時間約 2~4 周。
- 換膚治療後應 1 周返診複查。

4. 果酸換膚可能的副作用？

- **結痂：**

　　果酸換膚雖然是溫和的換膚，不過如果病人的皮膚較為敏感，或皮膚有傷口，或是使用的果酸濃度太高，酸鹼度較酸，作用時間太久，甚至是中和不夠完全，冰敷時間太短，都可能有明顯的皮膚結痂產生；雖然絕大部分的結痂，都會在幾天之後就完全脫落，不過對某些病人而言，還是會造成

日常生活上的種種不便。

- **色素沉澱：**

如果前述的結痂較嚴重，少數病人，尤其是黃種人皮膚的我們，有可能會出現所謂的發炎後色素沉澱，當然這也是暫時現象，通常在數周到數月之後即消失，不過對於本來就是為了淡化色素斑塊的病人，還是會造成強烈的心理壓力。

- **青春痘的惡化：**

對於想要以果酸換發治療青春痘的病人，少數患者在治療初期，可能會覺得痘痘的狀況反而惡化，這其實也是暫時現象，繼續治療就可以獲得明顯的進步。

- **單純疱疹的再活化：**

雖然在東方人少見，不過還是有極少數，有疱疹病史的病人，在做完果酸換膚之後，有單純性疱疹的發作，這樣的病人，有必要在施行果酸換膚前兩天，給予口服抗病毒藥物預防疱疹的再發作。

- **眼角膜的化學性灼傷：**

操作果酸換膚時，病人眼睛的保護非常重要，因為眼睛的眼角膜對果酸相當敏感，萬一流入眼睛就可能造成角膜的化學性灼傷，雖然絕大多數的此類病例不會造成永久性的損傷，不過造成的疼痛與暫時的視力模糊，對病人還是非常的不便。

- **果酸換膚與其他淺層換膚的差異：**

果酸會膚是淺層換膚的一種，也是一般民眾比較熟悉的。其他的化學換膚還有水楊酸、10-35%TCA、Jessner solution、乳酸、檸檬酸、杜鵑花酸、A酸等等。臨床上效果類似，並沒有顯著的差異。

- **化學換膚的種類：**

化學換膚可以分為淺層、中層及深層。深層換膚因作用深度較深，副作用也大，不適合東方人使用。中層換膚相對副作用較少，但使用上仍需小心。目前在臺灣很少人做，因此臨床上大部分還是以淺層換膚為主。

結論 · *Conclusions*

各種強度的化學性換膚都是醫療行為，還是有造成皮膚傷害的可能性，一定要在醫護人員的監督下，才能執行哦！

 About the Author

曾忠仁 │ 臺大醫院皮膚部主治醫師
臺大醫院皮膚外科主治醫師
美麗境界皮膚美容診所院長
美麗信義皮膚科診所主任醫師
台灣皮膚暨美容外科醫學會理事長
臺灣皮膚科醫學會理事
臺灣皮膚科醫學會秘書長
中華民國醫用雷射醫學會理事
美國雷射與外科醫學會榮譽會員

編者叮嚀：

1. 酸類換膚應依照皮膚破壞能力做分類。原則上 pH 值越酸者、
   分子量越小者、作用時間越久者，其穿透能力就會更好，破
   壞力更強。

2. 因各環節都會關係到治療效果，因此酸類換膚品項之選用及
   作用時間／中和方式都需要依照當下皮膚狀況而定，也理應
   由專業醫療人員操作之。

3. 治療前後都應該避免對皮膚有刺激性的保養品及藥物，以免
   導致過度傷害。

4. 治療後表皮必定受到不同的程度的破壞，因此後續防晒等保
   護必須特別注意。

體外溶脂手術

　　對於身體曲線的美感喜好，自古至今不知前前後後變化了多少回，不論環肥燕瘦、青菜蘿蔔各有所好，唯一相同的，即是對美麗的追求。所謂增一分則太肥、減一分則太瘦的穠纖合度，儼然是所有男女的目標，為了這完美的比例，人類可是在飲食、運動、按摩等各方面無所不用其極。可惜的是，基於人類天生的惰性和薄弱的意志力，真正能達成所求者寥寥可數。幸賴 21 世紀的偉大發明，人類終於能踏入體外溶脂術的新大陸。

一、何謂體外溶脂手術

　　體外溶脂手術有別於傳統抽脂手術，是藉由音波、電波或冷凍等方式將皮下脂肪溶解，達到雕塑身材的手術。

二、適應症

- 局部肥胖症（脂肪囤積）

• 橘皮組織

三、治療的方法原理與種類

目前市面上的體外溶脂手術共分成四大類：

所謂的熱破壞性，即是利用超音波或無線電波加熱脂肪細胞，使細胞過熱而死亡或凋零。冷破壞性則是利用低溫將脂肪細胞凍傷進而凋零死亡。雕塑性是使用超音波震波、紅外線、無線電波或真空吸引及滾輪等方式來提高組織代謝率、促進淋巴循環，進而雕塑曲線。而注射類就是直接注射藥物來破壞脂肪細胞。

1. **熱破壞類**：**如立塑減脂（Liposonix®）、隔空減脂（VanquishTM）。**

• 立塑減脂（Liposonix®）：又名「立塑聚焦音波減脂」，顧名思義，就是以高頻聚焦超音波（high-intensity focused ultrasound，HIFU）直接聚焦於皮下 1.3 公分處的脂肪層，造成局部溫度急速上升至 56℃，在此高溫下脂肪細胞會被直接破壞而周邊組織卻不受影響，進而透過淋巴系統將細胞碎片及殘存的三酸甘油酯（triglyceride）等代謝清除。因此，皮膚表面不會有任何傷口，只需在治療過後配合大量喝水，直到 3~4 個月後油脂清除完畢為止。

由於立塑減脂的作用深度在皮下
1.3 公分處，因此治療前需確認皮膚
捏起來的厚度達到 1 吋（2.5 公分），
如此治療時才能恰好作用在脂肪層。
治療的過程中因深層的高熱會產生熱
痛感，但在適當的止痛藥物給予後能
大部分緩解。治療後局部可能會有腫
脹和瘀青，需 1~2 周來消退，所以建
議搭配寬鬆的服飾以避免緊繃感。和
抽脂手術不同，立塑減脂不需要穿著

■ 圖 1 　立塑減脂
（橋締股份有限公司／
博士倫提供）

塑身衣，術後也不會有凹凸不平的狀況，除了大量喝水之
外，如果能配合運動和按摩，可以讓效果更快呈現。

● 隔空減脂（Vanquish™）：所謂的「隔空減脂」當
然就代表了機器操作完全不
會接觸到皮膚，也就是完全
符合非侵入式的治療。它
的原理是利用脂肪細胞與其
他肌肉細胞、表皮細胞等的
阻抗力不同，以高頻電波
選擇性的加熱脂肪組織到
44~45℃，使脂肪細胞開啟
自我凋零（apoptosis）模式

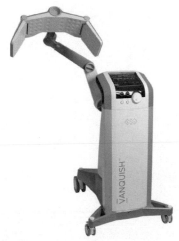

■ 圖 2 　隔空減脂（BTL 提供）

而逐漸死亡。

與其他減脂治療不同，隔空減脂的作用面積很大，一次療程可以涵蓋整個腹部和側腰，能大幅縮減治療時間。由於表皮的溫度維持在 42℃左右，所以治療的過程中只有輕微的熱感，術後再搭配大量喝水，大約 1 個月後可以看到效果。完整的療程需要每周做一次，共 4~6 次，才能達到足夠的脂肪消減。

2. 冷破壞類：如酷塑（CoolSculpting）、鑽石冰雕（CLATUU）、纖肚瑞拉（ICELIPOLYSIS）。

● 酷塑（Coolsculpting）：酷塑最為人所熟知的名稱即是「冷凍溶脂」，是以低溫來凍傷脂肪細胞，進一步達到溶脂的效果。比起其他組織，脂肪細胞對於低溫更加敏感，當溫度低於 4℃時，脂肪細胞內會開始產生結晶化反應，進而啟動自我凋零（apoptosis）而死亡。因此，利用這個特性，酷塑以真空吸引阻斷治療區域的血液循環，並將溫度降至 -11℃，使治療範圍內的脂

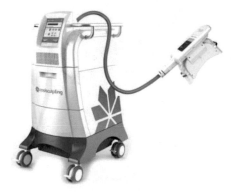

■ 圖 3　酷塑（臺灣愛力根藥品股份有限公司提供）

肪凋零，經過一連串發炎反應後將油脂清除掉，以重塑局部曲線。

在治療過程中，會感覺到拉扯、冰冷及麻木或些微痛感，術後在治療區域會有泛紅、瘀青、腫脹和麻痛感，一般來說在 2 個月內會緩解。在這段期間內可以適度的飲食和運動，大約 1~3 個月可以看到效果。

● 鑽石冰雕（CLATUU）：鑽石冰雕和酷塑一樣，都是屬於冷凍減脂的一種，是利用低溫（-9℃）來凍傷脂肪細胞，引發自我凋零反應而死亡。和酷塑不同的是，鑽石冰雕是使用 360 度環狀冷卻，使得溫度分布更均勻，同時單機配備雙探頭，同時能作用在兩個部位，操作上更省時。

■ 圖 4　鑽石冰雕
（優擎科技有限公司提供）

術後的反應則同酷塑，可以搭配多喝水及適度運動，能使效果更快感受得到。

● 纖肚瑞拉（ICELIPOLYSIS）：這也是屬於冷凍減脂的一種，以 -5℃ 的低溫探頭來促使脂肪細胞自我凋零，同時提供大探頭（16cmX5cm），適合大範圍的治療。

3. **雕塑類**：如歐萃學聚焦超音波體雕（**UltraShape**）、曲線雕塑（**VelaShape**）。

● 歐萃學聚焦超音波體雕（UltraShape）：又名「標靶震波溶脂」，和立塑減脂（Liposonix®）相同，都是使用超音波來進行治療。其中最大的差別在於，立塑減脂（Liposonix®）是使用高頻超音波（約 2MHz），其能量強度也高（>2,000W/cm2），所以單次治療即可看到效果。而歐萃學（UltraShape）則採用低頻超音波（約 0.2MHz），能量強度也較弱（550W/cm2），因此無法直接破壞脂肪細胞，而是利用震波產生的空穴作用（cavitation），使脂肪細

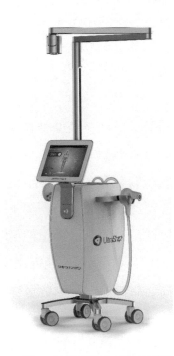

■ 圖5　歐萃學聚焦超音波體雕
（沃醫學有限公司提供）

胞膜受損，其內的三酸甘油酯（triglycerides）等油脂流出，再經由淋巴系統代謝掉。與此同時，負壓吸引式電波系統能加速油脂排出及增加皮膚緊實度。

歐萃學聚焦超音波體雕（UltraShape）並不會產生高

溫，所以治療的過程只有微熱感，術後也是需多喝水和搭配運動，以加速脂肪代謝。治療次數建議 3 次為一療程，間隔 2 周，效果在最後一次治療後 2~3 個月呈現。

- 曲線雕塑（VelaShape）：曲線雕塑主要是針對橘皮組織（cellulite）的治療，它同時合併了真空吸引輔助雙極電波（bipolar radiofrequency）、紅外線及滾輪按摩。結合紅外線和雙極電波所產生的熱能（40-41 ℃），可以增加脂肪代謝，使脂肪細胞排油後縮小、體積減少。真空吸引和滾輪按摩能促進血管擴張，加速局部血液及淋巴循環，使脂肪代謝更加迅速。同時滾輪按摩及熱能又可以使膠原蛋白纖維收縮，並刺激新的

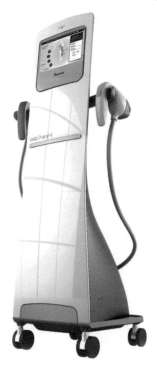

■ 圖 6　VelaShape III
（曜亞國際股份有限公司提供）

膠原蛋白生成。綜合起來，就能達到曲線雕塑、皮膚緊緻及消減橘皮組織的效果。

曲線雕塑需要每周做一次共 8~12 次，但由於橘皮組織

易因生活作息等因素而復發，故建議視情況持續做維持性治療。

4. 注射類：倍克脂（Belkyra）、肝得健。

● 倍克脂（Belkyra）：倍克脂的成份為去氧膽酸（deoxycholic acid, DOCA），這是人體內膽酸的一種，被發現可以溶解細胞膜，如作用在脂肪細胞上能使細胞死亡，因此在 2015 年美國 FDA 核准用於治療雙下巴。倍克脂在注射入皮下後，對富含蛋白質的脂肪組織親和力高，因此能溶解破壞脂肪，反之對周邊蛋白質含量較少的皮膚或肌肉組織則反應較差，所以相當安全。

倍克脂在溶解脂肪細胞的細胞膜之後，會引起一連串的發炎反應，最終殘存的細胞碎片和油脂會由淋巴系統回收並代謝掉，同時會刺激膠原母細胞的活性，而增生膠原蛋白，使皮膚緊緻。

注射後會有痛、腫、癢、瘀青等反應，維持時間約 1 周，之後會自行緩解。治療每 4 周一次，2~4 次治療後可以看得到效果。

● 肝得健：和倍克脂不同，肝得健共有 2 個成份，除了相同的去氧膽酸（deoxycholic acid, DOCA）之外，又加上了磷脂醯膽鹼（phosphatidylcholine, PC）。同倍克脂，去氧膽酸主要能溶解脂肪細胞的細胞膜，破壞脂肪；而磷脂醯

膽鹼則是大豆萃取而來的一種卵磷脂（lecithin），作用為乳化脂肪、打開細胞膜、幫助油脂排出細胞並代謝。兩者加在一起可相輔相成。雖然目前肝得健是用於治療肝炎和肝硬化，但是在體外溶脂方面，卻被廣泛應用於皮下脂肪的局部注射，俗稱消脂針，屬於適應症外用藥。

　　注射後也會有痛、腫、瘀青等術後反應，約 1 周內會消退。建議每 2~4 周注射一次，3 次注射為一療程。

四、常見問題 Q & A

1. 何謂橘皮組織，如何判別？

　　脂肪組織除了會增生、變大之外，還會產生橘皮（cellulite）問題。橘皮一詞來自於法文（peau d'orange），以此來形容凹凸不平的皮膚至為貼切。85% 的成人女性都有橘皮問題，這與種族、性別或生活型態都有相關，因此青春期過後，在大腿、臀部和腹部或多或少都能找到橘皮組織。橘皮組織的成因複雜，即使 BMI 在正常值之內也可能產生橘皮組織。依照 Nürenberger and Müller 的分類，Grade I 的橘皮要捏起來才看得到；Grade II 則是直立時肉眼可見；Grade III 還伴隨著凸起和結節。深入皮膚底層，我們可以發現脂肪層的厚度增加，脂肪細胞甚至向上侵入到真皮層，脂肪細胞周圍的纖維增加，將脂肪包圍起來，同時組織中還多

了許多垂直分布的纖維。此外，橘皮組織也存在水腫、淋巴和血液系統循環不良，這些環境又會再刺激組織纖維化，在這種惡性循環之下，橘皮問題只會越演越烈。

想要處理脂肪或橘皮問題，就要先了解天生的脂肪分布體型。我們的體型約分成四類：香蕉型、蘋果型、梨型和沙漏型。當體型因為體重、姿態或習慣而變化時，除了飲食和運動的搭配之外，局部線條的雕塑倒是可以借助體外溶脂手術，針對脂肪區塊來修整，使線條更加優美。同時，體外溶脂手術也能改善橘皮問題，使皮膚外表看起來更加平滑。

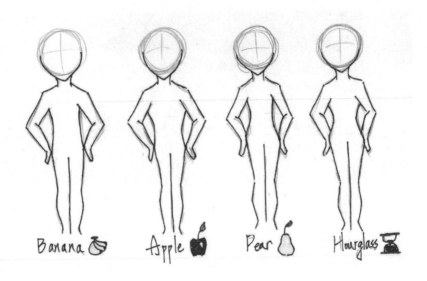

■ 圖 7　體型分成：香焦型、蘋果型、梨型、沙漏型。（K.C 繪製）

2. 各種體外溶脂手術的比較？

儀器	作用原理	作用部位	治療時間	療程次數	術後照顧
立塑減脂 Liposonix®	高頻聚焦超音波（HIFU）加熱至 56℃破壞脂肪	腰、腹、臀、手臂、大腿、背	1-2 小時	單次	多喝水
隔空減脂 Vanquish™	高頻電波加熱至 44-45℃使細胞自我凋零	腰、腹、腿	30-40 分鐘	每周一次，四次療程	多喝水
酷塑 CoolSculpting	低溫至 -11℃使細胞自我凋零	腰、腹、臀、手臂、大腿、背	1 小時	2-3 次	多喝水
鑽石冰雕 CLATUU	低溫至 -9℃使細胞自我凋零	腰、腹、臀、手臂、大腿、副乳、背	1 小時	單次	多喝水
纖肚瑞拉 ICELIPOLYSIS	低溫至 -5℃使細胞自我凋零	腰、腹、大腿、手臂		2-3 次	多喝水
歐萃學聚焦超音波體雕 UltraShape	超音波震波的空穴作用使細胞破碎	腰、腹、臀、大腿	1 小時	2 周一次，3 次療程	多喝水
曲線雕塑 VelaShape	雙極電波、紅外線、真空吸引和滾輪按摩使脂肪細胞排油、增加代謝和緊實度	腰、腹、臀、大小腿、手臂	20 分鐘	1 周二次，8-10 次療程	無
倍克脂 Belkyra	去氧膽酸（DOCA）溶解細胞膜使細胞死亡	雙下巴	20 分鐘	4-6 周一次，2-4 次療程	無

儀器	作用原理	作用部位	治療時間	療程次數	術後照顧
肝得健	去氧膽酸（DOCA）溶解細胞膜使細胞死亡、磷脂醯膽鹼（PC）幫助脂肪排出	腰、腹、大腿、手臂、雙下巴	20分鐘	2-4周一次，3次療程	無

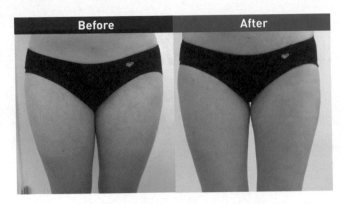

■ 圖8　無創抽脂＋曲線雕塑－臀腿

結論 · *Conclusions* ───────

　　藉由最新的體外溶脂手術，我們可以消除身上討厭的脂肪塊，使得身材更趨於「減一分則太瘦，增一分則太肥」的最高境界。但若是 BMI 值過高，或是內臟脂肪比例太高的話,還是需要尋求飲食和運動的搭配療法，不可過於依賴體外溶脂手術，兩者相輔相成，才能達到事半功倍的療效，消脂之路何其漫長，共勉之。

 About the Author

林佩琪 ｜ 英爵醫美診所敦南館院長

學歷：市立和平醫院皮膚科主治醫師
　　　時尚 BEAUTY 美容雜誌編輯顧問醫師
　　　醫學健康雜誌編輯顧問醫師

編者叮嚀：

1. 體外溶脂手術是藉由低侵入性或非侵入性的音波電波或冷凍及注射等方式將皮下脂肪溶解，達到雕塑身材的手術。

2. 無論冷、熱、物理性或化學性注射的治療都是希望藉由脂肪細胞之死亡或凋零達到效果。熱破壞性即是利用超音波或無線電波加熱脂肪細胞，冷破壞性則是利用低溫將脂肪細胞凍傷進而凋零死亡。雕塑性是使用超音波震波、紅外線、無線電波或真空吸引及滾輪等方式來提高組織代謝率、促進淋巴循環，進而雕塑曲線。而注射類就是直接注射藥物來化學性破壞脂肪細胞。

3. 因最後結果都是導致細胞破壞，因此後續都會有不同程度上的發炎及相關症狀，例如 泛紅、瘀青、腫脹和麻痛感等。

4. 既然為低侵入性或非侵入性，相對效果會比較緩慢及溫和，因此只用於體線雕塑而非移除大量脂肪。

5. 適合何種治療仍需請您與您的皮膚美容外科醫師當面詳細討論，才能確定。

女性外陰部美容手術

　　女性外陰部整形及美容治療為世界趨勢。根據美國整形美容外科醫學會的歷年統計，女性外陰部美容手術在美國是近十年來成長最多的手術類別之一，其施行手術的數量自 2012 年到 2017 年成長了 217%，同樣地在歐洲英國公醫健保資料庫的過去十年的統計有 3~5 倍的成長。雖然世界衛生組織和婦產科醫學會近年來都慎重地提出此類手術的非必要性，但是市場上女性對治療的需求仍然與時俱增！是什麼樣的背景和因素誘發現代女性治療的需求呢？以下就常見的原因做說明：

1. 媒體文化對女性私密處美型的渲染：

　　現代衣著潮流比起過往更鼓勵女性勇敢展露身材，貼身和性感的剪裁設計引發女性對私密處美感的關注，各種流行雜誌和媒體的女性模特兒的私密處相關照片成為大眾效仿的對象，一般民眾更潛意識的以此為私密處美型的模板。

2. 女性自主意識的抬頭：

在性生活議題上，對比過去傳統害羞的習俗，現代女性自主意識提升下，對於性觀念愈接近西方國家開放式的想法、性生活的滿意度要求也提升，而女性外陰部的美型在心理學的研究上認為和女性在兩性關係上對自我的信心、性生活的滿意度都有正向的相關性。

3. 生活上功能性的考量：

如同前述第一點，女性外陰部因為緊身衣著造成活動上磨擦增加，部分女性先天大小陰唇組織可能比較膨出外露，臨床上容易引發皮膚搔癢、運動時的疼痛、可能有後續發炎或感染的皮膚疾患；因為真正造成日常生活上的困擾和不便，這一類的手術治療發展的確能夠解決問題、滿足部分女性的需求。

4. 私密處毛髮去除的流行 ：

在過去，私密處毛髮的去除並不像身體毛髮如腋下、手腳的去除那麼地興盛，然而在 2015~2016 年美國對一般女性作大型的問券調查統計發現，接近 82% 的成年女性都會去除私密處的毛髮，主要的原因包括現代女性認為去除會陰部的毛髮會感覺比較清爽乾淨、同時兩性的觀感上都認為沒有毛髮或少量毛髮更性感有吸引力，在一般女性同儕中認為這是禮儀常規。加上巴西式全除（Brazilian Waxing）日

益盛行，其實更容易讓女性自我觀察到外陰部的構造進而關心，臨床上很容易遇到雷射除毛術後，主動詢問外陰部美容的相關問題。

一、何謂女性外陰部美容手術

利用光電雷射、針劑以及手術等方法來達到女性外陰部外觀的改善美化回春。

二、適應症

- 外陰部的膚色亮白。
- 少量或沒有私密處毛髮。
- 大陰唇飽滿可以完整包覆內側其他構造。
- 小陰唇大小適當不外露。

三、治療的方法原理與種類

1. 『非侵入性』女性泌尿生殖系統治療

光電雷射機器應用在婦科方面的疾病已經多年，主要治療項目為子宮頸、陰道、外陰部的各式腫瘤燒除，以傳統二氧化碳雷射的使用上最為普遍；早期也有些零星報告用來治療和停經相關的萎縮性陰道炎、改善外陰部外觀如大陰唇的

磨皮換膚，但是傳統二氧化碳的治療往往破壞組織較多且疼痛，因而最早開始發展這一類的相關治療運用也是以較少創傷較低疼痛度的二氧化碳飛梭雷射開始。

根據 2017 年所發表的醫學文獻回顧目前雷射在女性陰部的回春美容治療的報告，最主流的治療選擇有：(1) 二氧化碳飛梭雷射；(2) 鉺雅鉻飛梭雷射；(3) 電波。

前兩者飛梭的研究報告對象主要以停經週期前後的中年婦女為主，治療的成效以目前的醫學證據來看主要對陰道黏膜層的功能改善、陰道壁膠原蛋白和粘膜下肌肉層的增生有幫助，因此可以恢復正常的黏液分泌、維持酸性的 pH 值、增加陰道壁厚度和彈性，同時病患端自我評估可改善停經後性交疼痛、陰道乾燥的症狀，增加性生活的滿意度。在泌尿道相關症狀如頻尿、漏尿、應力性尿失禁（咳嗽用力或腹部壓力增加造成漏尿）的治療上同樣有很多相關醫學報告，雖然這樣的治療不是直接作用在尿道，但是解剖學上，陰道前壁和尿道下壁相連接，目前認為陰道壁的回春治療，可以改進整個骨盆肌肉結締組織系統的支撐力，進而改善泌尿道相關症狀。至於電波在女性私密處的治療研究報告有涵蓋到較年輕的族群──生產後婦女，其治療機轉和療效都還在持續進行中。

光電雷射的治療在目前小規模和個案報告的臨床研究上，其治療的成效和雌激素的補充改善陰道停經相關症狀的

效果相當。文獻上兩次以上的治療後，認為可以維持陰道相關症狀改善一段時間的療效；目前研究追蹤治療後至少可以維持 3 至 1 年的報告，相較於停用雌激素藥物在 3 個月後追蹤，由於藥物濃度下降就會失去療效，光電治療可以帶來陰部組織的自我重整再生，可以說是更貼近抗老化醫學概念的治療選擇。然而目前光電儀器的治療選擇仍然沒有列入常規的醫學治療建議，主要的原因是缺乏大規模的人體試驗和追蹤，這也是未來相關婦女醫療發展仍要努力的地方。

女性生殖陰道的注射填充治療在醫學文獻上的報告相當缺乏，其中敏感點（G 點由 Ernest Grafenberg 醫師發現故以其姓氏命名之）的注射最為被社群網路論壇熱烈討論，然而這個解剖構造的位置和功能在醫學上仍然有爭議，注射所帶來的安全性考量包括局部出血、感染、刺傷鄰近尿道組織，甚至曾有血管內注射造成肺部栓塞危及性命的副作用報告，以目前的醫學證據來評估仍是認為此治療是弊多於利。

2. 「侵入性」美容手術的範疇

手術類主要依部位可以細分為：大小陰唇整形術、陰蒂整形術、陰阜整形術、陰道整形術、處女膜修補術、自體脂肪移植等，其中小陰唇整形術是目前市場上需求最大的治療，主要原因在於過度膨出的小陰唇常常是先天發育造成的、是正常個體上的變異型，目前非侵入性光電的治療沒有

辦法改善這個問題，而且小陰唇過長對部分女性的確是有生活功能上的考量，比如說外露於大陰唇外的部分會增加衣物摩擦造成不適、騎腳踏車等運動容易壓迫；小陰唇的手術方式發展愈來愈成熟，從早期的單純修除較膨大突出的組織，到目前已經發展出保留更多正常神經血管組織，可以縮短恢復期的楔型切除術（Wedge resection），若有必要尋求開刀的病患都應該和合格醫師進一步討論了解手術方式和可能的術後併發症後再做決定。

小陰唇整形術之外的其他手術類別幾乎沒有功能性的考量，以美觀的需求為主要訴求，侵入性的陰部美容手術治療和一般手術一樣不能免除手術相關的風險和併發症，最常見的包括術後疼痛、傷口感染出血、傷口癒合不佳、粘黏的問題，因為這一大類手術絕大部分為非必要性，民眾治療前應該審慎評估其風險。同時有性生活問題的女性，建議先尋求專業醫師諮詢找到問題的根源，切勿錯誤期望以這一類美容的手術來解決兩性性生活的問題。

四、常見問題 Q & A

1. 如何正確保養女性外陰部皮膚？

女性私密處專用保養品近幾年來相當流行，其實正確的私密處保養程序並不一定需要使用這些產品，就能夠維持健

康的會陰部。

　　首先要了解私密處的皮膚生理特色才能了解如何保養，一般皮膚正常的保養程序包括清潔、保濕、防晒三步驟，然而會陰部的皮膚不會照射太陽沒有防晒的需求。會陰部小陰唇內側三分之一的部位往裡陰道延伸則變成為粘膜的部分，陰道表皮黏膜和陰道口周圍富含很多腺體，正常健康的狀況下分泌黏液保持會陰部皮膚的濕潤，不需要使用額外的保濕產品。因此會陰部皮膚除了清潔之外都不需要特別保養。不過會陰部的皮膚長期由衣物包覆而且缺乏暴露於外界環境一般皮膚最外層成熟角化的角質層保護，對於物理性的摩擦和化學性的刺激更容易受傷。因此保養的要點要懂得針對衣物、外用產品材質做選擇，以及清潔產品的選擇尤其重要。

- 棉質的內褲是最好的選擇，棉質的布料透氣且易於排濕可以保持會陰部乾爽，合成纖維、尼龍的材質都不易排濕，如果運動過後建議盡快替換；過度緊身的下半身衣著容易造成過多的物理性摩擦也不建議，寬鬆的褲裝或裙子可以避免陰部悶熱，減少細菌和黴菌滋生的機會。

- 生理護墊、衛生棉墊選擇無香精、香料的產品，而且接觸皮膚面建議棉質材質為最佳；陰道棉條的使用適合所有女性生理期，但是應該要注意替換時間（一般以 4 小時為限），以避免誘發後續感染。

- 清潔內褲的洗衣劑同樣建議不含香精和香料，不建議另外使用柔軟精或漂白劑，避免化學藥劑殘留造成會陰部皮膚刺激。
- 強鹼性的皂類、含香精香料的沐浴品不建議用在會陰處皮膚，低清潔力或中性或弱酸性的清潔品使用比較建議，用溫水和手潑水清洗即可，不需要使用沐浴刷或海綿搓洗。
- 外用體香劑可能引起過敏性和刺激性皮膚炎並不建議。

2. 女性外陰部的正常發育和變化？

女性的一生中會經歷初經、懷孕、生產、停經，外陰部的生理構造上在發育、月經週期變化、老化都和雌激素濃度息息相關；同時外陰部和陰道解剖位置上緊密相連接，事實上很多臨床上的問題是會互相影響的。因此下面表格簡單說明兩個構造在不同年紀和雌激素濃度不同下的生理變化。

年紀	外陰部的變化	陰道的變化
孩童期	• 陰阜和大陰唇缺乏皮下脂肪層 • 毛囊和皮脂腺體發育未完全	• 陰道的上皮細胞未成熟（較薄）、同時缺乏肝醣分泌的功能，導致陰道的酸鹼值偏中性或鹼性
青春期後至成年	• 陰阜和大陰唇皮下脂肪增加 • 陰蒂和小陰唇發育且變明顯 • 陰毛開始生長 • 會陰部的皮膚層變厚	• 陰道上皮細胞層變厚可以分泌黏液且開始會隨著月經週期變化 • 陰道偏酸性開始有產生乳酸的正常菌叢

懷孕期	● 毛髮可能變黑 ● 大小陰唇血液循環增加同時會使顏色加深	● 陰道的結締組織放鬆和肌肉層變厚以因應懷孕的需求 ● 陰道的形狀和口徑會因生產而改變
停經期	● 毛髮變稀疏顏色變淡 ● 陰阜和大陰唇皮下脂肪萎縮 ● 大小陰唇老化萎縮 ● 外陰部容易因為尿失禁引發皮膚炎	● 陰道上皮細胞層萎縮，正常黏液分泌量變少 ● 陰道開口更內縮，尿道開口會和陰道口更接近 ● 陰道偏鹼性容易有腸道細菌的滋生 ● 萎縮性陰道炎

　　每個女性在不同年紀和時期，外陰部的外型本來就會隨著賀爾蒙變化而有不同，這些都應該視為正常的生理變化，醫學上並沒有對陰部的外觀有「正常標準」的定義。

　　臨床上陰道和外陰部的問題如何互相影響呢？舉例來說在皮膚科門診經常遇到女性外陰部濕疹和搔癢的問題，有一定比例的病人詳細詢問其症狀會合併陰道分泌物增加的情況；女性可能由於陰道分泌物增加使用護墊的時間延長、或者因此特別加強陰部的清潔盥洗，然而前者護墊使用增加陰部皮膚的物理性摩擦和悶熱，後者清潔過度造成陰部角質層和皮脂層的損傷，因而演變成外陰部的皮膚炎，治療上往往必須要同時注意兩個構造的相關性，才能真正達到好的治療成效。

3. 女性私密處衰老的元兇？

停經是私密處老化的主因！雌激素不只扮演幫助陰部的發育成熟的功能，同時也是造成老化的主要元兇。女性中年之後卵巢功能逐漸下降至沒有功能，外陰部和陰道的衰老從停經前期就開始，在沒有額外的雌激素補充下，此一衰老過程是不可逆轉的。

根據研究，私密處衰老的症狀發生率由停經前期 2% 逐漸演變成 25%（在停經 1 年內），若是沒有介入治療有 47% 的女性在停經後 3 年內會因為這一類問題影響生活品質。

4. 不單純的私密處老化問題？

前述外陰部和陰道因為緊密相連臨床上的問題容易互相影響，事實上女性下泌尿道（膀胱和尿道）在胚胎演化上和陰部其他構造是同源一起發生的，同樣受雌激素濃度影響，所以下泌尿道的功能衰退老化往往和陰道、外陰部是同步的。因此目前最新的國際共識認為私密處的老化應該統稱定義為「停經後泌尿生殖系統症候群」（Genitourinary Syndrome of menopause）。

5. 什麼是女性私密處衰老的警訊？

女性一般對於私密處的問題總是難以啟齒，過去一般的衛生教育也缺乏相關的知識，往往忽略私密處衰老的症狀而

不自知。下面附表列舉出臨床上「停經後泌尿生殖系統症候群」相關的症狀，可以作為女性自我評估的參考：

構造	臨床症狀
陰道	性生活疼痛不適、陰道乾燥潤滑黏液分泌減少。
	性行為後容易有出血。
	性慾下降。
外陰部（大小陰唇）	外陰部搔癢灼熱和不適感。
泌尿道（膀胱尿道）	頻尿、尿急、排尿困難、反覆泌尿道感染。

以上所提到的相關症狀，在 40~50 歲停經前後的婦女只要有出現其中之一就可能是女性泌尿生殖系統開始退化、老化的警訊！其中一般大眾最容易忽略的是，泌尿道的症狀往往發生早於真正的停經期，陰道、外陰道的老化症狀則是常在完全停經 1 至 2 年後才開始真正影響女性生活，如果中年女性有反覆發生泌尿道的相關問題（如頻尿、尿急）可以視為陰部老化的最早期警訊。

目前國際女性陰道陰部疾病醫學組織學會（International Society for the Study of Vulvovaginal Disease，ISSVD）都建議應該要推廣衛教一般大眾瞭解相關症狀以及早確認診斷、及早治療，改善女性停經後的生活品質。

6. 私密處老化只發生在停經婦女嗎？

事實上女性泌尿生殖系統老化問題也可能發生在年輕成年女性，除了因為年紀增長卵巢功能退化會引起雌激素濃度下降外，產後婦女也是好發的族群！生產後的婦女因為來自胎盤分泌的雌激素供給消失，體內暫時會有一個明顯的雌激素濃度下降，此外哺乳的泌乳激素會抑制雌激素的分泌，根據美國一個針對成年女性對女性私密處健康問題的調查，共有421個女性接受調查，這些個案都至少有一次生育的經驗，結果高達48%的比例都曾在產後有出現過短期類似停經期萎縮性陰道炎的臨床症狀。此外生產時各種賀爾蒙的變化和子宮變大壓迫會造成骨盆支撐系統比較脆弱，產後短期發生尿失禁的比例約30%，陰道因為懷孕或自然產變得更鬆弛、生產前後體重明顯的變化造成大小陰唇皮膚鬆弛、懷孕期雌激素的刺激可能增加陰部色素沉澱，這些問題經常困擾女性，擔心影響產後兩性生活。

另外一些治療藥物包括治療乳癌的賀爾蒙拮抗劑、其他癌症接受放射線治療、化療造成卵巢功能低下，在今日「停經後泌尿生殖系統症候群」往往不只發生於停經婦女。成年有高危險機率發生相關問題的女性在這一方面的治療需求也是目前醫學界想要積極研究推廣的對象。

7. 常見對女性外陰部美容治療的誤解有哪些？

● 女性泌尿生殖系統醫學「美容治療」的誤解：任何治療冠上「美容」這一個名詞很容易造成一般大眾的誤解，誤認為是單純美觀外觀改善的治療，但其實大部分的光電儀器治療發展還是以改善停經所引發的生殖泌尿道臨床症狀為主。然而目前相關的研究報告在性功能和性生活滿意度的療效評估方式，皆以小規模的、病患端個人自我評估的問卷調查為主，比較缺乏真正醫學上客觀數據的研究。廣告商業宣傳在陰道緊實、性功能改善、外陰部的美型著墨較多，容易造成一般大眾的誤會。對此國際醫學會特別強調女性生殖美容醫學治療不應該過度宣傳陰道緊實和性功能、性生活改善的療效。

● 外陰部美容醫學治療應該考量年紀、賀爾蒙的變化：女性外陰部的正常生理發育需要到青春期之後，體內雌激素分泌到達高峰才算發育成熟，未成年女性因為發育尚未完全並不建議這一類的治療。懷孕期因為雌激素、黃體素的分泌改變，使得女性生殖器官有外型上的改變以適應生產所需，這一時期並不建議治療。生產完若無哺乳，體內賀爾蒙約需要 3~6 個月才能恢復孕前的正常值，很多外陰部變化仍是有可能恢復，可以再觀察不一定需要產後立即治療。

● 對非侵入性私密處美容醫學治療要有正確的觀念：非侵入性光電儀器治療在學理上被認為可能可以達到外陰部美觀的治療成效主要有兩個，其一：飛梭雷射和電波治療在學理及臨床上確實可以達到皮膚真皮層膠原蛋白、彈性纖維增生的療效，被認為可能改善外陰部皮膚皺褶和鬆弛，其二：飛梭雷射有部分換膚的效果可能改善陰部的色素暗沈；然而這兩種美容治療的療效目前仍然缺乏大量的臨床客觀數據評估，如果有這樣的治療需求，建議應該和醫師做進一步的評估和討論。

結論 · *Conclusions*

　　女性外陰部的美容治療在近十年來無論東西方社會都掀起一股熱潮，身為聰明的現代女性不應該盲目跟從潮流，懂得愛惜自己就應該瞭解女性生殖泌尿道的正常生理變化和正確保養方式，如果有進一步的美容需求再尋求合格醫師做評估、討論。

About the Author

黃菁馨 | 高雄彭賢禮皮膚科診所主治醫師
高雄國際皮膚科診所主治醫師

學歷：高雄長庚醫院皮膚科主治醫師
廈門長庚醫院皮膚科主治醫師
屏東寶建醫院兼任皮膚科主治醫師

編者叮嚀：

1. 女性外陰部美容手術方興未艾，從事的醫師或接受的病人仍
   屬少數。術前必須審慎評估。
2. 如果合併有功能性或婦科問題，必須先諮詢婦產專科醫師。

CARE048

皮膚美容聰明選

編 著 者 — 蔡仁雨、石博宇
主　　編 — 林菁菁
企劃主任 — 葉蘭芳
封面設計 — 楊珮琪、林采薇
內頁設計 — 李宜芝

董 事 長 — 趙政岷
出 版 者 — 時報文化出版企業股份有限公司
　　　　　　10803 臺北市和平西路3段240號3樓
　　　　　　發行專線 —（02）2306-6842
　　　　　　讀者服務專線 — 0800-231-705・(02)2304-7103
　　　　　　讀者服務傳眞 — (02)2304-6858
　　　　　　郵撥 — 19344724 時報文化出版公司
　　　　　　信箱 — 10899臺北華江橋郵局第99信箱
時報悅讀網 — http://www.readingtimes.com.tw
法律顧問 — 理律法律事務所 陳長文律師、李念祖律師
印　　刷 — 和楹印刷股份有限公司
初版一刷 — 2020年1月17日
定　　價 — 新臺幣400元
（缺頁或破損的書，請寄回更換）

時報文化出版公司成立於1975年，
並於1999年股票上櫃公開發行，於2008年脫離中時集團非屬旺中，
以「尊重智慧與創意的文化事業」爲信念。

皮膚美容聰明選 / 蔡仁雨, 石博宇編著. -- 初版. --
臺北市：時報文化, 2020.01
　面；　公分

ISBN 978-957-13-8046-9(平裝)

1.美容手術　2.整形外科　3.皮膚美容學

425.7　　　　　　　　　　　108020164

ISBN 978-957-13-8046-9
Printed in Taiwan